土豆黑客

"简"肥之道　健康之道

作者：Tim Steele

译审：《土豆黑客》译审委员会

中国农业出版社

图书在版编目（CIP）数据

土豆黑客："简"肥之道，健康之道 ／（美）蒂姆·
史迪尔（Tim Steele）著 ；《土豆黑客》译审委员会译.
— 北京 ：中国农业出版社，2017.2（2018.3重印）
ISBN 978-7-109-22772-9

Ⅰ．①土… Ⅱ．①蒂… ②土… Ⅲ．①马铃薯－减肥
－食谱 Ⅳ．①TS972.161

中国版本图书馆CIP数据核字(2017)第036841号

The Potato Hack：Weight Loss Simplified
By Tim Steele
ISBN：978-1530028627
© 2016 Tim Steele

北京市版权局著作权合同登记号：图字01-2016-9667号

中国农业出版社出版
（北京市朝阳区麦子店街18号楼）
（邮政编码100125）
责任编辑　刘晓婧

中国农业出版社印刷厂印刷　新华书店北京发行所发行
2017年3月第1版　2018年3月北京第2次印刷

开本：787mm×1092mm　1/16　印张：12
字数：215千字
定价：56.00元
（凡本版图书出现印刷、装订错误，请向出版社发行部调换）

土豆引语

"让天空下起一阵土豆雨吧！"

——出自《温莎的风流娘儿们》
威廉·莎士比亚（1564—1616）

《土豆黑客》译审委员会

主　任：于孔燕

副主任：封　岩

译　审：王　军　赵学尽

译　者：

刘芳菲（前言+第一章）　　　梁　晓（第二章）

黄　飞（第三章）　　　　　江月朋（第四章）

董　程（第五章）　　　　　刘丽佳（第六章）

王　丹（第七章）　　　　　施　展（第八章）

刘武兵（第九章）　　　　　邓妙嫦（第十章）

张雪春（第十一章）　　　　甘雪勤（第十二章）

张红玲（附录A）　　　　　邢晓荣（附录B）

译者序

我国是世界上最大的马铃薯生产和消费国，常年种植面积和总产量约占世界的四分之一。全国20多个省份都有规模化的马铃薯生产，马铃薯是我国农村，尤其是西部贫困地区重要的农业支柱产业，在我国扶贫攻坚阶段发挥着重要作用。

马铃薯又名土豆，兼有粮食、蔬菜、水果的营养特征，富含维生素、矿物质、微量元素、蛋白质等，被誉为"十全十美"的食品。我国食用土豆历史悠久。土豆在粮食短缺和灾荒时充当过救命粮。现在，土豆是中国人餐桌上的一道家常菜。我国幅员辽阔，地方风土人情各异，小土豆结合各地特色也发展了许多区域性的流行吃法，或当主食，或当配菜，或当零食，或隐藏于千姿百态的美食中充当辅料。土豆正在以您知道和不知道的方式出现在人们的生活中。2015年年初，我国农业部将马铃薯营养开发提升到了国家战略高度，以主食开发为契机，让土豆以崭新的面貌重新出现在公众面前。

"土豆黑客"是美国作家Tim Steele在撰写此书时对土豆的昵称，作者用自己的亲身实践见证了土豆在减肥和健康方面的神奇效果。土豆就如同"黑客"破解电脑代码那样，也能破解身体里控制苗条和健康的代码。《土豆黑客》一书不但提供了许多经济、简单的操作方法，还向我们揭示了隐藏在"土豆黑客法"❶背后的科学依据。本书将在丰富我们对土豆科学认知的同时，从食物营养的角度拓宽我们对土豆应用的视野，为我们提供好的经验借鉴。

在本书付梓之际，感谢原著作者将本书的中文翻译权无偿授予本书译审委员会。同时感谢中国农业出版社在本书引进过程中给予的帮助。最后，特别感谢所有参与本书翻译和校核的同志们，他们始终怀着极大的热情关心薯类事业的发展，并在繁忙的工作之余，无偿地承担了全书的翻译工作。

祝愿本书能刷新您对土豆的认识，为您和您家人的身体健康贡献绵薄之力。

《土豆黑客》译审委员会

2017年1月

---

❶ 土豆黑客法，Tim Steele结合1849年的土豆减肥法，经过创新实践总结的土豆食用方法。

作者序

我们的祖先曾走遍全球，最后定居在了南美洲的高地。在这崎岖山脉上，他们发现生长着一个丑陋的小小块茎——土豆。这不起眼的小土豆刺激了玛雅、印加和阿兹台克帝国的崛起，见证了超级城市、金字塔和金庙的兴建。当欧洲探险家抵达南美大陆时，他们疯狂地迷恋上了这种不受害虫、冰雹、霜冻和风暴侵袭的食物。几百年来，土豆为欧洲人口的繁荣提供了持续的口粮。

土豆是一种非常耐寒和高效的农作物。它们可以存放很长时间，并且易于运输。很少有蔬菜能像土豆那样烹制出如此多千姿百态的美味了，但土豆不仅是一种日常品，它们也是地球上最健康的食物之一。当人们大快朵颐快餐和点心时，他们容易发胖和生病，但当人们吃土豆时，他们可以改善消化不良和肥胖问题。

我研究了一种在一段时间内只吃土豆的方法，称为"土豆黑客法"。用过这个方法的人体重下降得很快。为防止体重反弹，他们还学会了将土豆纳入日常生活。这些试过土豆黑客法的人摆脱了困扰他们多时的消化不良和免疫力低下等问题。土豆含有丰富的维生素、矿物质和纤维，能有效保护我们的肠胃并增强身体的免疫力。医学研究人员发现，吃土豆多的人更易发胖和出现健康问题。但事实证明，这不是土豆的错，而是烹调方式的问题。土豆通常被放在油锅中炸，再蘸上黄油、酸奶油和奶酪一起下肚。正是这些额外的加工引发了健康问题。尽可能以最朴素的方式吃土豆是健康的关键。

土豆不仅仅是一种食物，还是一种超级了不起的食物。历史上曾有许多人靠只吃土豆度过了饥荒岁月。土豆最初被当做牲口饲料或农民果腹的食物，但如今已成为皇亲贵族的餐桌首选。现在，为改善疾病和追求持久的健康，人们正将土豆当成药物来食用。

我希望中国人民能将土豆看作祖先赐予的礼物，探索并感受到许多种植和食用土豆的奇迹。我自豪地向伟大的中国人民推荐土豆黑客法。

推荐者书评

"准备好享受一次带给你智慧、教你实用技能，同时又颇具全面科学知识和激动人心的阅读体验吧。《土豆黑客》会让你用一种新的视角观察平日里毫不起眼的土豆，并发现它的价值。Tim Steele引导的关于土豆的讨论，不仅可以助你减肥，而且还可以从抗癌、体重管理和改善胃肠健康等方面助你重塑健康。出于好奇，我按照书中的方法尝试了3天的土豆黑客法，成功减掉了2.5磅❶！我敢说土豆马上会重新成为家庭餐桌上的常客。"

——Dr. Terri Fites，医学博士，Molly绿色杂志营养学作家；电子博客The Homes-chooling Doctor博主，一位思想开放的女性，致力于以诚实和公正的理念来发掘新型保健及教育方法；她最重要的身份是四个孩子的母亲和家里的主厨

"从一位严谨的生物化学家角度，我认为《土豆黑客》中提到的土豆黑客法是一个意义重大的健康发现。Tim在尝试这个源自19世纪的土豆黑客法之前，也试过很多传统医学的方法。土豆黑客法以简单节食餐可以增添肠道菌群活力、增强免疫功能、改善健康等当下的研究做理论支撑。它还解释了土豆中独有的可溶性膳食纤维以及抗性淀粉不仅是植物的营养来源，也可以解决很多人的问题。除向大众介绍这些专业的生物化学知识以外，我个人也是《土豆黑客》一书的受益者。"

——Dr. Art Ayers，博士，曾任哈佛大学生物细胞学教授，博客Cooling Inflammation博主，主要介绍饮食交互作用和因肠道菌群失调引起的炎症及疾病

"《土豆黑客》算得上是一本对抗性淀粉做了最详尽研究的作品。Tim开展了大量研究，证明利用这个全新的恢复健康的方法可以应对身体各种不适，从对抗慢性炎症到抑制体重增长等。他把这个我们最习以为常的主食中的神秘成分进行了精心的科学探秘，诠释了抗性淀粉对人体的有益生理影响。这本书绝对值得你一口气读完从而对这个议题有个最全面的认识。"

——Mark Sisson，*The Primal Blueprint*作者，MarksDailyApple.com网站制作人

"有时候最简单的方法往往是最好的。《土豆黑客》中提到的土豆黑客法不花哨、不复杂并且不昂贵，但它绝对是一个减重利器。"

——Chris Kresser，《纽约时报》畅销书榜上榜作品*The Paleo Cure*作者。全球知名自然健康网站ChrisKresser.com创办者，加利福尼亚功能医学中心主席兼联席主任

---

❶ 1磅约为0.45千克，下同。

"《土豆黑客》让被遗忘的土豆妙用重回大众视野，几天的纯土豆餐或许是重启停滞的新陈代谢、减轻体重、修复肠道的一把钥匙。在过去几年里，Tim对抗性淀粉的研究几乎席卷网络，'抗性淀粉'这个曾经拗口的专业词汇现在已经家喻户晓，传统的减肥方法被永久地改变了。尽管我就是书里提到的一群天生在生理方面与土豆不相容的人之一，但是如果你吃了土豆仍安然无恙，那么土豆黑客法将会帮助你度过减肥瓶颈期，土豆就像身体黑客，它能让你突破极限。打破所有常规，土豆黑客法就像防弹咖啡一样！"

——Dave Asprey，防弹咖啡创始人，《纽约时报》畅销书榜上榜作品*The Bulletproof Diet*作者

"尽管来自媒体界和节食社团的一些人总会时不时发布土豆的负面报道，但对世界上大部分健康人来说，土豆一直是他们的主食之一，要知道人类从旧石器时代就开始食用根茎类食物了。我认为并没有哪一种食物比土豆更能满足短期内控制热量摄入、速效瘦身同时还改善健康指标状况这诸多的需求。事实是，万能的土豆是一种营养丰富的天然食品。在我设计的旨在长期保持健康、恢复活力和延长寿命的饮食方案——植物古老节食法里，土豆也是一位主角。"

——Angelo Coppola，Latest in Paleo电台制作人及主播，The Plant Paleo食疗法创始人，PlantPaleo.com网站主笔

"Tim Steele介绍的'土豆黑客法'是一种在迅速减重的同时又能为人体提供充足营养，还能使人免受饥饿煎熬的瘦身途径。还有什么比这更棒的呢？鉴于我是个怀疑论者，我认为没有实践就没有发言权，因此我向其他人推荐土豆黑客法，看人们是否愿意尝试（在网上搜索'土豆黑客法'将看到上百条推文和评论）。还别说，不少人真的尝试了，不仅没有出现那些推崇严格控制碳水化合物摄入量的人所'警示'的可怕结果，多数尝试了土豆黑客法的人真的看到了成效！吃土豆减肥绝不是炒作。"

——Richard Nikoley，作者，企业家，博主，网站FreeTheAnimal.com主笔

"只吃土豆就能减重！谁会想到这居然可行？听起来不可思议，但这个方法真的有效。《土豆黑客》问世恰逢其时，据世界卫生组织的最新消息，欧洲尤其是我的第二故乡爱尔兰共和国，将面临人口肥胖危机及相关健康问题。Tim Steele通过对抗性淀粉成分的研究和个人体验，重新发现了土豆这个不起眼的主食在改善人体健康方面的作用。关于益生元膳食纤维、抗性淀粉、肠道菌群多样性和短链脂肪酸相关的研究早已在科学期刊上发布，但这些研究并未进入普通大众的视野。《土豆黑客》则向大众解释了土豆作为多种营养成分的单一提供源，是如何通过调节肠道菌群、向肠道菌群注入活力，以达到增强人体健康的目的，减重其实只是这个过程中的一个'副产品'。所以说，最简单的往往是最有效的！"

——Ashwin Patel，皇家药学院成员，爱尔兰制药学会成员；执业药师，网站emptyingthe-bowel.com及preeventacne.com创办者

前言

　　我常常被要求做个关于土豆黑客法的"电梯演说"❶。如果给我30秒向大众介绍土豆黑客法，我想这样开始：

> "土豆黑客法起源于1849年发表在一本医学期刊上的土豆减肥法。在那个时候，很多美国人正饱受饮食过量带来的肥胖和消化不良的困扰。土豆减肥法要求节食者在一段时间内只吃土豆，承诺采用这种方法能够让胖子们重新恢复到他们应有的苗条身材。167年后的今天，现代人的肥胖问题和健康问题较之过往更甚，但是土豆减肥法依旧奏效。土豆所含的天然类药剂具有抵抗饥饿、调整睡眠多梦、减肥、抗炎、调节胰岛素水平和情绪状况等作用。土豆是有史以来最有效的减肥药。"

　　以此为开篇，我向你推荐这本《土豆黑客》。

---

❶ "电梯演说"为短时间内用极具吸引力的方式简明扼要地阐述自己的观点。编者注。

简介

  如果可以像黑客入侵电脑一样进入身体的运行系统，重新设置储藏脂肪和保持理想体重的程序，这会是一件多么美好的事情。土豆就能这样做，它是自然界里控制体重、调整肠道的绝佳食物。

  在节食界，听起来太好的方法往往不真实，通常确实是这样。但土豆黑客法确实有效。因为土豆黑客法不是一个单纯的减肥食谱，它是一个重启人体新陈代谢，恢复组成肠道菌群的万亿个细菌多样性的方法。土豆黑客法是一个短期的膳食干预，不仅可以放大其他任何减肥法的效果，还能给人带来新的味蕾体验。大部分采用土豆黑客法的人，通常在几天时间内能减掉3～5磅。多样的食谱、减重成功的案例以及背后的科学依据，这些都会让你相信它值得一试。而且这种疗法还不要求长时间的承诺，也不需要会员卡。如果你不喜欢它，你没有任何损失。在过去五年间已有上百位尝试过土豆黑客法的人给出令人欣喜的反馈。土豆黑客法，正如我所叙述的，已经得到很多医生、科学家、营养学家和研究者的证实，大家一致认为它是一个"力挽狂澜者"。

  土豆黑客法的确奏效。

- **土豆黑客法适合谁？**

　　这本书适合任何正在瘦身或者控制体重或者有消化不良问题的人。

　　土豆黑客法能从多个方面调节身体，例如调整体重设定点、提高胰岛素敏感度、激活身体的抗氧化系统、为你和你的肠道菌群提供充足的营养等。土豆黑客法胜过一切益生菌药片，它能恢复肠道生态系统的多样性。你可以体验不用忍受饥饿便能迅速瘦身。每周几天只吃土豆，很快你就能减到目标体重。如果你是易增重体质，那么每个月坚持一段时间，就可以轻松保持你的理想体重。

- **啊－哦！**

　　2004年我39岁时从空军退役，当时我患上了肥胖症，体重达到210磅。3年内我的体重飙升到250磅，身体已经出现了代谢综合征的全部症状：高血压、高血脂、高血糖、高胆固醇，还频繁地痛风。

　　医生建议我"管住嘴、迈开腿、低脂饮食"，但毫无帮助，因为患了痛风，我的脚肿得根本动不了，而且我还总是处于饥饿状态。通过尝试不同的节食方法，我的体重终于开始下降，我戒掉了精面和其他精加工食品、油炸食品和甜食，慢慢地我的体重得到控制，我也逐渐摆脱药物，并开始每天锻炼。

作者Tim Steele，摄于2009年

- **重回正轨！**

一开始我给自己设定的减重目标是170磅，我花了6个月时间全面节食，体重降到了180磅。这个时候我进入了瓶颈期。好几次我减到了175磅，但是没几天又反弹回180磅，好像我的身体抗拒达到更低的体重。在我几乎要放弃170磅减肥计划时，我偶然读到了1849年发表的关于土豆减肥法的文章，于是我决定试一试。两周内，我不光达到了当初的减重目标，还多减了6磅。坚持土豆减肥法几周后，我又瘦了3～4磅。体重完全没有反弹，更关键的是我感觉很棒。这个经历使我开始重新审视以前我所知的有关减重和身体健康的一切知识，我甚至回到学校攻读生物技术硕士，以便更好地了解土豆减肥法背后的科学依据。

土豆黑客法的原理

像黑客破解电脑代码那样，土豆也能破解身体里控制苗条和健康的代码。与其说它是一个复杂的减肥饮食方案，倒不如说它是一个单纯的"身体黑客"，能够重启新陈代谢系统。这就是一个简单的计划，既能减轻体重保持不反弹，又能恢复健康的消化系统。这样一个减肥方法的关键组成就是不起眼的土豆。土豆能够完美地满足人体生命所需，土豆中的关键成分通过影响人体炎症、调节体重设定点和提供关键营养来重启我们的储藏系统并保持体重。

作者与妻子杰姬，摄于2013年

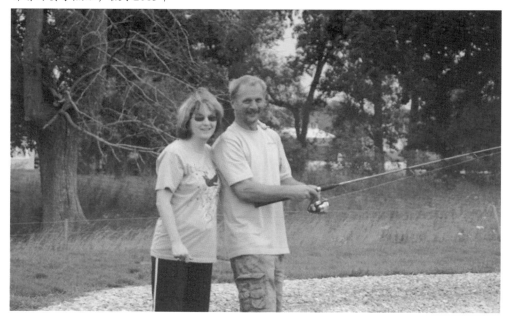

短期内只吃土豆被证明是人们减去多余体重并长期保持的一个理想选择方案。不论是素食主义者或肉食主义者，还是要求低碳和低脂的节食者或是从未试过节食的人，土豆黑客法都能够同样发挥功效。

土豆黑客法并非只适合超重人群，对想要增肌的朋友来说，也一样奏效。存在肠道问题如便秘、腹泻、恶心、胃灼热、消化不良的人群也能通过土豆黑客法使问题得到改善。

> "消化不良的人们——实际上是美国人日渐提高的生活水平和不健康的饮食习惯滋生出的许多富贵病——尝试一下土豆减肥吧。"
>
> ——《土豆减肥》，1849

首先，我将介绍与土豆黑客法相关的七条简单要求，它们或许能让你从此远离肥胖的困扰。之后，我将向你推荐一些土豆的烹饪方法和食谱。接着让我们探究土豆黑客法背后的科学依据，破解它起效的秘密，再了解如何利用土豆增强免疫力、提高肠道健康、抵御疾病侵扰。你将会了解一些关于抗性淀粉的知识，以及土豆为何是这种被忽略的营养元素的最佳来源。

- **人们认为我疯了？**

　　旁人一定会这样说！但你将是笑到最后的人。你需要一个自己的"电梯演讲"，向家人和朋友证明自己没有完全疯。如果你已经严重肥胖、消化不良或频繁生病，却不愿做出任何改变，那可能你真疯了。

　　炎症已经成为威胁人体健康的头号杀手，但它表现得很隐蔽。不过，如果你的腰围过粗，或者你老要往厕所跑，那十有八九你的身体已经有了炎症。倘若不进行检查，它将破坏你的生活，因为炎症的出现常常伴随着自身免疫疾病的发生。不论任何病症都有药可寻的想法让我们变得越来越肥胖和不健康，并使我们远离本来可以使我们变得更好的健康食品。若你已试遍各种方法都不奏效，那请试试土豆黑客法吧。医生开的任何药方甚至都不能与土豆中所发现的完美的天然抗炎成分相媲美。

- **土豆重启键**

　　起初，我想将本书命名为"土豆重启键"，可之后还是认为"土豆黑客"更合适。你可以尝试在日常饮食中选择只吃土豆，特别是若你饱受消化问题折磨，患有小肠细菌过度生长、肠易激综合征或胃食管反流病之类病症。这些现代肠胃病困扰着21世纪的人类。一个来自19世纪的办法能够开启一个健康变革？如果你的体重已经经历了一段停滞期并且你对目前的节食方案不满意，那么试一试土豆黑客法，你不会有什么损失。

> "鲜少有人意识到土豆作为节食食品的伟大价值。当我们证实仅凭土豆一种食物便可满足人体健康所需的营养时，我们的读者或许会感到非常惊讶。"
>
> ——《土豆减肥》，1849

土豆格言

"我要说的是，真正爱土豆的人，一定是个不错的家伙。"

——A.A.米尔恩
《小熊维尼》作者

笔记

目录

part**1**

"简"肥之道

第01章 土豆黑客法

土豆黑客法的要求十分简单，那就是，如果你正在吃土豆以外的食物，那么你就做错了。土豆黑客法针对的是容易发胖但瘦身或保持体重却不易的人群，同时它也适合任何想要调整新陈代谢或改善消化功能的人士。可以说土豆黑客法是一种终极的"排它节食法"。

- **规则：**

  1. 计划在3～5天内只吃土豆
  2. 每天吃2～5磅土豆
  3. 不吃任何其他食物（包括黄油、酸奶油、奶酪和培根粒）
  4. 盐可以，但不鼓励
  5. 口渴时只喝咖啡、茶和水
  6. 不鼓励剧烈运动，但鼓励轻微运动和步行
  7. 正常服用药物，但无需额外补充营养剂

- **3～5日土豆黑客法预期收获：**

  - 无饥饿感减重3～5磅
  - 炎症及关节痛得到缓解
  - 消化不良问题得到改善
  - 胰岛素敏感度提升，空腹血糖值降低
  - 健康的肠道菌群功能得到恢复
  - 恢复正常饮食后额外减重
  - 针对减重需求，可以每周或隔周重复3～5日土豆黑客法直到体重达到理想值
  - 守住了钱包！土豆黑客法的费用很低
  - 理解饥饿感，珍视食物，敬畏知识，相信你能改变自己的新陈代谢

> "相信我们的话，实践将证实你会取得好的结果；土豆黑客法的方子无须你耗费金钱，它需要的是极少数人才拥有的敢于自我否定的勇气，这便是它优于昔日其他方法的地方。"
>
> ——《土豆减肥》，1849

很多人随着年龄增长开始发胖，而且大部分人都会在冬天变胖。"冬胖"带来的问题是增长的体重并不会像院里雪人那样在春日暖阳下融化。美国国立卫生研究院将中年发福和冬季增重这类发胖称为无意识增重，或者说是，饮食不过量且无增重计划下体重的意外增重。研究员认为无意识增重多半是由衰老导致的新陈代谢、荷尔蒙水平变化和服用一些药物引起的。此外，精神压力过大、戒烟或上夜班也会引起无意识增重。定期的土豆黑客法能够有效对抗无意识增重。后文将会有关于维持体重和长期节食的其他内容。

很多朋友在结束几天的土豆黑客法后向我反馈，他们多年来第一次不再感到饥饿了。有人反馈他们的睡眠质量得到改善，习惯性打鼾者也不再打鼾。坚持了数月甚至几年土豆黑客法的人则反馈，他们每天可以减重0.5～1磅，而且并未像使用其他速效减肥法那样出现体重反弹现象。

土豆黑客法的惊人之处并非在于它能减重或能治疗关节疼痛，而在于它能给人带来对平凡食物的新体验，它能唤醒你的味蕾，你将会欣赏每一口进嘴的食物，你也终将体会到"食而为生，生非为食"这句话的真谛。

> "我们第一次尝试土豆黑客法只进行了几天而没有坚持数月——这段时间已经足够让我们了解它的效用了；也已足够让我们知道平日里吃下的面包、苹果和桃子是多么美味。我们现在更加相信，上帝创造出小麦、黑麦、玉米、大麦、荞麦等，创造出栗子、山毛榉坚果、奶油南瓜、核桃等，创造出苹果、梨子、桃子、李子、葡萄，还有成千上万种美味的东西，就是为了满足人类的口腹之欲。"
>
> ——《土豆减肥》，1849

以我个人了解到的情况，以及从我劝说的几百个尝试过土豆黑客法的人那里收获的反馈来看，只吃土豆的这种饮食方法在让人迅速减脂的同时并不会造成肌肉松弛或肌体脱水的状况。普通人日减1磅是正常现象，而使用其他瘦身方法未见成效或经历数月瘦身瓶颈期的人，采用此方法持续每周减重3～4磅亦十分常见。人体是一台奇妙的机器，完全有能力从平凡的土豆中获取所需要的全部营养。所以，不论你是想减重5磅或100磅，请试一试土豆黑客法，你将会爱上这三五天的体验，你也会爱上它带来的结果。

> "瘦弱的人变得强壮，肥胖的人变得纤细——瘦到他们应有的苗条身材。所有的人都变得更加健康。"
>
> ——《土豆减肥》，1849

土豆黑客法解密

我列出的有关土豆黑客法的七条要求看上去异常简单。但如果你正在吃的食物不是土豆，那么你就做错了。在过去的五年间，我无数次地向人们解答怎样只吃土豆。现在就让我们一字一句地深入挖掘土豆黑客法的秘密。

- ### 规则一：计划在3～5日内只吃土豆

这听起来异常简单，可问题发生在第二天午餐时间，你意识到烹饪过的熟土豆已所剩无几，有的只是生土豆。或是到第三天，同事们决定叫披萨外卖，而你只能哀怨地盯着保鲜袋里满满的凉透了的煮土豆。

对很多人来说，这是一条最难理解和坚持的规则。你选择的土豆可以是从超市或农场购买的，也可以是从你自家小院里挖出来的，它们不一定是有机土豆，但当然有机土豆也可以。要选择白土豆，有时候也叫爱尔兰马铃薯，不能选择甘薯。土豆有很多不同品种——褐色土豆、红色土豆、黄色土豆、白色土豆和紫色土豆。选择任何一个品种的土豆都可以，不过你的烹饪习惯和所处的季节将会让你找到自己更喜欢的那一款土豆。不允许选择甘薯是因为它和土豆完全是两种不同的植物，它们的营养构成也全然不同。

> "然而，正如前文所述，我们向消化不良的朋友建议土豆减肥法。请记住我们的话，实践将会证明这是个好方法，并且实践一周将会极大增强他们自我否定的勇气和持之以恒的决心。"
>
> ——《土豆减肥》，1849

这么多土豆！

这里有四种"白"土豆（马铃薯）：

白—褐色土豆，淀粉含量高，适合烘烤。

黄—育空金土豆，淀粉含量适中，适合各种烹饪方式。

红—体型圆，色偏红，适合煮、烤，及做土豆沙拉。

紫—体型小，色偏紫，罕见品种，淀粉含量适中，适合各种烹饪方式。

甘薯（红薯）及山药（薯蓣）不属于土豆。

规则一有三个关键词：计划、土豆、时间。你需要的一切营养成分只能由土豆提供。我们会在第三、四条规则里讨论其他可接受的补充营养来源，但是土豆黑客法成功的第一个秘诀就是：**只吃土豆**。

现在，你可以开始尝试进行一次为时几周的土豆黑客法。第一次我坚持了14天，减重10 ~ 12磅。我不认为这个方法存在很大危险性，但我还是有稍许不安，担心过长时间只吃土豆会造成营养不良。其实在后文中我们将会读到，已经有很多人证明土豆可以提供人体所需的一切营养，持续吃几个月甚至几年都毫无问题，就目前情况而言，我们是一群因各种各样原因而超重的胖子。

如果说3日土豆黑客法很容易做那也太过分了，5日的话可能会觉得有些许乏味。如果进行7日以上，你到周末的时候可能就有点儿受不了了。土豆黑客法最棒的部分是减脂从第一天就开始了，在你只吃土豆的日子里一直持续，身体无需经历适应期，也不会出现"饥饿模式"导致的减重瓶颈期。土豆黑客法可以是减掉多余脂肪和保持体重的一种方法。进行3 ~ 5日土豆黑客法可以先从一周一次开始，之后一个月一次或是一年几次，用这种方法维持体重相较其他让人身心俱疲的激烈减肥法更为简便可行。

土豆黑客法中有个妥善的计划至关重要。你需要购买充足的土豆，烹饪其中的一半以确保随时都有土豆可吃。别选在公司圣诞节派对前一天开始土豆黑客法，也别在你需要接待客人的时候开始。最佳时间段是从周一到周三或从周一到周五。

3～5日是减肥的最佳周期。每周坚持一个周期，一个月下来你能够轻松减掉10磅。资深减肥人士都知道，这是个巨大的数字！每月坚持一个周期，你则可以轻松地控制体重，无需为忌口而烦恼。但我仍要提醒，若你感到维持体重很困难，那么你可能需要调整日常饮食习惯。在后文中我们将详述这一点。

简而言之，规则一强调的是采用土豆黑客法成功瘦身所需要的食物和时间。你只需稍加计划，便能持续很久，获得第一次土豆黑客法的成功。

• 规则二：每天吃2～5磅土豆

土豆黑客法成功的关键在于有一个完善的计划，没有什么能比在开始减肥的第二天就没有土豆吃更糟糕了，但若是你不了解自己需要吃掉多少土豆，这种情况很有可能发生。假设你的体重在100～300磅，那么预计你每天需要吃3磅左右土豆。有的人可能会剩下一些，有的人可能还不太够，不过这个数量对大部分人来说可以吃饱，并实现明显的减重。

如果你想直接尝试5日土豆黑客法，那么你需要购买15～20磅土豆。通常我会多买一些，因为有时候你会发现几个坏的，或有几个需要去芽的。购买的时候，尽量挑选个头相近、外形大小看起来像网球或者棒球那样的土豆。在商店里称一称，他们大小应该是2～3个1磅。不要买太大的，因为不便于烹饪，也不要买太小的，很难去皮。采购时一定要仔细挑选，别买那些芽眼多，或快要发芽或已经发芽的土豆，确保购买的土豆没有发霉和腐烂。也要注意那些变绿的。你需要买你能找到的最好的土豆。多买几次你就会掌握挑选土豆的诀窍，以后买起来也就轻松了。

把土豆买回家，你要做的第一件事就是将10～15个土豆洗净并去皮，确保土豆上无黑点或绿斑，若有则可以削掉。但是如果品相看起来太差让人毫无食欲，那就不吃它们。你可以把一个土豆对半切开或者切成四块，检查内部是否有空心或黑点，若有则把那部分扔掉。

完成准备工作后就可以开始烹饪第一批土豆了。我建议你用淡盐水煮，水开之后炖10～15分钟，直至土豆变软但未碎开即可。此时土豆的中间部分还是紧实的。土豆煮熟之后，捞出控水放凉，想吃的话拿起勺子就可以挖着吃了，剩余的可以存放在冰箱，随吃随取便可。把这些土豆当作储备粮、零食或者午餐都可以。当饥饿感袭来时，没有什么能胜过一碗冷土豆。如果你不想吃凉土豆，那么就用微波炉或不粘锅稍微加热，凉土豆可立马变身为美味可口的自制薯条。参见后文的食谱了解更多烹饪方法。

出于食品安全的考虑，我建议你给从超市里买来的土豆削皮。有人喜欢把所有土豆都去皮，那也没问题。土豆里含有一种叫茄碱的物质，这种物质主要见于土豆的叶子和根部，有时在表皮上也能发现。高浓度茄碱会引起人体不适，而有些人对茄碱尤为敏感。鉴于在进行土豆黑客法期间，你将食用的土豆要比以往任何时候都多，所以我建议仔细检查你将食用的每一个土豆。

如果你自己种植土豆，或是你能买到当地产的有机土豆，仍有必要检查每一个土豆，确认是否变绿或已经发芽。我意识到我不一定需要告知你这些，因为你这一生中都在吃土豆且从未遇到任何问题，但有一部分人可能不常买或者吃真正的土豆，他们需要这样的提醒。

之后我们将讨论土豆富含的营养成分，但就第二条规则来说，1磅土豆的热量是350卡❶（含有79克碳水化合物、11克蛋白质和500毫克脂肪）。规则二建议每天吃2～5磅土豆，可以为人体提供700～1800卡热量，160～400克碳水化合物，22～55克蛋白质，还有几克脂肪。经常计算食物卡路里的人现在就能发现，大部分减肥餐设计的营养标准是在模仿土豆天然的营养构成。

最后，不要为你精确地吃了多少磅土豆着急，你买的时候大概知道重量了。也绝不要给自己设定吃多少个土豆的目标，吃饱然后停止就可以。

> 简而言之，规则二建议每天吃2～5磅土豆，这个数量足够提供人体一天所必需的卡路里和营养，不会让人感到饥饿。土豆黑客法的目标并非吃掉越多土豆越好，而是只用土豆作为人体每天的能量来源。

---

❶ 1卡≈4.19焦耳，下同。

• 规则三：不能吃其他食物

你可能会认为这一点不言而喻。因为没人相信土豆黑客法真的是只吃土豆。多吃一个苹果或者芝士汉堡不会有什么影响的，对吧？当然不对！土豆黑客法能够发挥神奇作用的关键就在于单一的饮食结构，因为一旦各种美妙的味道将味蕾唤醒，大脑就会想要更多。饥饿信号会通知潜藏在人类基因已有400年历史的食物寻觅系统出去寻找更多的美味，你将很愿意听从这个召唤。

让我们认真分析这个基本规则。"只吃土豆"这简单的四个字对很多人来说或许难以理解，因为现代人哪里试过在一段时间内只靠土豆果腹呢？还有很多人可能根本没吃过一个不添加调味料的原味土豆。

关于规则三，其他食物，主要是指高热量、富营养的食物和饮料。

- 早餐喝杯奶昔？不行！
- 上午吃根能量棒？不！
- 午后来个冰淇淋？绝对不行！
- 就不能来点儿其他替代品？不行，只能是土豆，土豆，土豆。

你明白了么？除了土豆，其他食物都不行。

但是，让我们面对它吧，一个不加黄油、酸奶、香葱和培根粒的土豆味道能好吗？土豆被认为应该与各种调味料搭配。不浇满肉汁的土豆泥就称不上土豆泥，不用含反式脂肪酸的油炸和没蘸上番茄酱的薯条也不能叫薯条，香煎薯饼就应该外泛油光并且裹上塔巴斯科辣酱。让人吃原味土豆？不可思议！

规则三要求不能吃的食物也包括浇头。其实有很多不需浇汁的土豆做法，例如煮土豆、烤土豆、煨土豆、炸土豆、土豆泥……它们尝起来都很不错，特别是在你饿过头的时候，对，就是饿过头，饥饿的再进一步。

还记得以前有很多人说"非得饿了才吃吗？"试完土豆黑客法之后，我想你对这句话一定会有更深的体会。在如今2016年，大部分现代人已不知饥饿为何物，更别说饿过头了。相信我，如果你不觉得一个刚从冰箱取出的冷冰冰的煮土豆好吃，那你肯定还不够饿。

简而言之，规则三只有四个字：只、吃、土、豆。记住了吗？真棒。

• 规则四：适度吃盐

我早于任何人开始指导人们采用土豆黑客法。尽管我不愿意看到，但是我理解人们为什么总想往原味土豆里加点什么来调味。这是因为人类大脑会出于本能地把盐释放出的咸味识别为一个必需的味道。人体需要摄入一定量的钠元素，它能够调节人体体内水量平衡和影响肌肉运动。摄入过少或者过量食盐都对人体有害。幸运的是，人体对盐的需求通常就满足了足量钠的摄入。土豆同样含有一定量的钠元素，3磅土豆可以提供75毫克钠。如果你在平常的饮食中加盐，或是你在实施土豆黑客法期间感到想要尝点咸味，那就适量地往土豆上撒点盐。

最初发表于1849年的土豆减肥法要求只吃不加任何调味料的土豆，我相信坚守这个原则一定有好处。但是人类的本能是想方设法来满足欲望。我的一手经验表明，一旦开始往原味

土豆里加调味料或其他食品，那就不再是土豆黑客法，而变成一个限制热量摄入并让人随时感到饥饿的减肥餐而已。

> "吃土豆，当然了，不能加盐或黄油或其他任何调味品。"
>
> ——《土豆减肥》，1849

只要你说服了自己相信土豆黑客法是安全的，你便能体会到一种简单的美好。大脑好像开始中止不断探寻新食物的欲望，而经过一段只吃土豆的时光后，大脑似乎不会再催促你不停地吃、吃、吃。

我提议你挑战一下自己。你的第一次土豆黑客法应该包括1~2日只吃原味土豆。坚持下来的话，起码你有了炫耀的资本，而且你还知道了按照1849年的法子吃土豆减肥是一种什么样的体验。

> 简而言之，规则四，如果你一定要加盐的话……适量吧。但最好不加。

• 规则五：渴了就喝……咖啡、茶、水都是不错选择

如果你和我一样也是个咖啡爱好者，那么你肯定会喜欢这一条秘诀。对不爱喝咖啡的人来说，渴了就请喝水吧。土豆本身确实含有一定水分，但是人体还需要补充额外的水分以防出现身体脱水状况。咖啡和茶里都含有一些奇妙的化学物质能够很好地辅助减肥，包括无咖啡因咖啡。要是你不喝咖啡和茶，现在不妨一试。

接下来该聊聊糖和奶油了。戒掉糖和奶油很困难，但是你必须这么做。你可以选择用甜叶菊替代普通蔗糖，若想增添咖啡风味，则选用低脂奶而不是浓奶油。甚至想都不要想往咖啡里加黄油。没听过黄油咖啡？好多人爱这么喝，真的，不信就上谷歌搜索看看。

这条小秘诀便是土豆黑客法较之其他减肥法的特别之处：所有承诺让你迅速瘦身的减肥方法都是通过让身体脱水来减轻重量。若你断食24小时，那么体重一定会下降5、6磅，只是一旦饮食恢复正常，体重便会即刻反弹。极端低碳减肥法的原理在于消耗人体体内的糖原。人体会将摄入的碳水化合物转化成糖原储存在肌肉和肝脏里，每1磅糖原大致吸收3~4磅水分，所以一旦人体停止摄入碳水化合物，同样会丢失糖原和水分。靠吃低碳水化合物减肥餐减肥的人，如果放弃这个减肥方案，很可能一夜之间反弹5~10磅。

目前你需要确保的就是摄入足够的液体，但要排除任何含卡路里的饮品，例如运动饮料、汽水和果汁。既然说到这里，如果你经常喝这些东西，我建议还是不喝为好。你需要喝水，吃食物，而不是把食物喝下去。我知道现在流行喝冰沙，但应把它们视为食物，而非水。

> 简而言之，规则五：保持水分。大量喝水。喝咖啡和茶可以，但不要加奶油和糖。

• 规则六：锻炼

健身爱好者们早就想到这一条了。健身教父杰克有一句名言，"运动是国王，营养是女皇，王国就是运动加营养"。健身爱好者们十分在意体脂情况，施瓦辛格就说过，"会晃动的就是脂肪"。健身的人都懂这个道理，增肌和减脂的关系如同光谱的两端，二者无法同步进行。正如大家所知，增加肌肉和减少脂肪就意味着像再无明日般疯狂地吃和疯狂地练，然后再进行粗暴的节食。在这个过程中，健身者的肌肉会变得有点松动，然后在某个比赛前，他们会停止高强度的运动和大量饮食，这样做能够消耗掉身体里的脂肪，剩下的就是紧实的肌肉。

> "当然，我们并不建议从事高强度体力劳动的人采用这种方法，因为任何一个突发的改变都不会取得好的回报。"
>
> ——《土豆减肥》，1849

　　健美并非燃脂运动。慢跑和一些轻运动如俯卧撑、深蹲还有平板支撑反而是很好的燃脂运动。步行的效果比它们都要好，因为步行时你的全身都处在燃脂状态中。就我个人而言，我认为每个人每天要走半小时以上，哪怕你把这半小时分成三次，每次走10分钟都行。定期在每个健身周期中留出几天休息时间能够让健身效果事半功倍。魔鬼健身计划CrossFit和P90X都是这么要求的，就连强度非常之大的Jillian Michaels的30 Day Shred健身操训练计划每周也有一天休息，虽然Jillian她自己根本不休息。所以，如果你也是一位硬派健身者，在你的休息日实施土豆黑客法吧。我敢保证这绝对不会消耗你的肌肉。实际上，土豆含有的一种叫做"绿原酸"的物质反而能够起到增肌的效果。健美爱好者们知道绿原酸的增肌效用，但是很少有人意识到它天然地存在于土豆里。

　　　　简而言之，规则六要你记住：保持心态平和，坚持食用土豆。

· 规则七：药物和营养补充剂

　　我想现在应该是我发表一个标准的正式声明的时候"开始实施土豆黑客法前，请先向你的医生确认自己的健康状况"。但我不会这么做，因为美国食品药品监督管理局（FDA）并没有规定天然食物的药用效果。土豆是一样天然食品而非药物。不过，如果你因治疗胃灼热、肠易激综合征（IBS）或者胃食管反流（GERD）而正在服用质子泵抑制剂药物（PPIs），那么在土豆黑客法的第二天你一定会发现自己可以摆脱那些药物了。倘若你服用止疼药和消炎药治疗关节痛，那么第二天你或许也会发现自己不再需要每天常规用药了。

过去几年间，不止一人告诉我他们会定期实行土豆黑客法来缓解关节疼痛。还有人说土豆黑客法帮助他们降低了血糖（FBG）指数，还有说"喔，精力恢复了！"后文中我们将会进一步探讨土豆的药用功效，等读到的时候，我相信你一定会为土豆的药用疗效而惊讶。

> "虽然听起来很不可思议，但土豆减肥法真的令很多人缓解了身体不适。"
>
> ——《土豆减肥》，1849

再说说营养补充剂。它在减肥界备受推崇，不管是维生素还是矿物质，各种营养补充剂在我们看到的地方都在销售。营养补充剂行业的利润达到上亿美元，几乎和大型制药企业的利润相当。难道我们摄入食物的营养如此匮乏，以至于一定要靠罐子里的小药片来补充营养吗？我敢说，很多人出现的健康问题，其实是过量服用维生素和矿物质补充剂带来的副作用。天然食物里就含有非常丰富的维生素和矿物质，如果我们吃的都是天然食物，那便无须依赖营养补充剂。

> 简而言之，规则七告诉你，吃土豆减肥期间可以安心服用治疗药物，但无须营养补充剂。

土豆格言

"咕噜肯定不会挖树根、胡萝卜和马铃薯。什么是马铃薯，宝贝，哎，什么是马铃薯？"

"就—是—土—豆！"山姆回答道。

——J.R.R.托尔金，《指环王之双塔奇兵》

笔记

第02章 花样变化

如前所述，土豆黑客法的七条规则效果非常好。第一次尝试土豆黑客法时，请严格遵循规则。当完成一个周期后，请评估一下效果。你看到体重减少或者其他好处了吗？厌恶土豆黑客法也不是什么丢人的事。坦率地讲，它并不适合所有人，这也是为什么有"花样变化"章节的原因。

多年来，人们试图贿赂和强制我将其他食物也加入土豆黑客法，他们建议了一些独特的变化方法。我个人尝试了所有的建议，一些很奏效，另一些效果一般。有些人对他们喜爱的花样变化情有独钟。这些变化体现了人类特有的天性，比如控制欲，以及对所做的一切事情不断调整的欲望。将这些花样变化视为对基础土豆黑客法的有益探索，你也许就能找到适合自己的方法。

加点调料

我相信土豆黑客法的大部分力量源于它的温和性。当你吃土豆时，虽然会感受到原味土豆的美味，但还谈不上是"舌尖的盛宴"。在土豆黑客法的初级阶段，加入食盐是被允许的。我没有听说过，仅由于添加了盐，土豆黑客法就达不到宣传的效果。如果硬说有什么不同的话，盐使这种方法在减少炎症和燃烧脂肪方面略胜一筹。因此，我将描述的第一种变化方法是在1849年土豆减肥法基础上添加调料。

这个方法中使用的调料是我们做饭中常用的干香料。如果有新鲜和有机的调料更好。撒上少许盐就能使土豆更美味，但另外还有几种调料与土豆是绝配。黑胡椒、辣椒粉、迷迭香一向是专业厨师的不二之选。如果你想在土豆发源地安第斯山脉来一次追忆之旅，你会发掘出几种当地烹制土豆的特色调料。香菜、薄荷、牛至叶、小辣椒均是土豆第一次被食用时使用的当地调料。

尽管不是专业调料，柠檬汁和醋也可以在不增加热量的情况下使土豆变得美味。醋还有一个很好的特性，当添加到淀粉食物中时，它可以降低葡萄糖的峰值。节食者们一直被告知应在淀粉食物中添加醋。醋和土豆是流行于世界各地的独特味道组合。有些人只忠实于土豆加盐和醋的搭配，觉得其他任何调料都是多余。

对于"添加调料"，我唯一的顾虑是感觉这像作弊。所以，还是让我们先了解一下土豆。吃土豆，什么调料都不添加，至少坚持一整天。有人告诉我，当他们第一次品尝育空黄金（Yukon Gold）或德国黄油球（German Butterball）**❶**时，土豆的味道令他们震惊。大多数土豆都是美味的，但你在超市看到的棕色烤大土豆并不以口味出名。试试其他的一些品种，你是不会后悔的。

总结：在尝试土豆黑客法时，多尝试不同的调料。如果你使用新鲜和有机的调料，还会给美味加分。记住，在任何情况下都不要使用人造香味剂（熏肉、柠檬等），他们只是化学制品。与土豆最好的搭配如下：

- 黑胡椒
- 辣椒
- 迷迭香
- 香菜
- 牛至叶
- 薄荷
- 罗勒属植物
- 花胡椒
- 蒜
- 洋葱
- 鲜柠檬汁

白天吃土豆法（PBD）

这可能是我最喜欢的一个花样儿了。可以看做是Mark Bittman的"六点之前（Vegan Before 6，VB6）素食计划"**❷**的翻版。"白天吃土豆"或简称"PBD"正如听上去那样，从日出到日落，你只吃土豆就好。换而言之，就是把土豆当做早餐、午餐、零食，然后在晚餐你可以吃任何东西。

营养适宜，PBD比VB6也要容易得多。VB6手册有一系列的菜谱，这与土豆黑客法不同。完成一个彻底的素食节食计划不是容易的事，这也是Bittman允许一顿正常晚餐的原因。除非素食者多阅读一些书籍，否则他们很容易陷入素食的陷阱，情况可能比吃快餐和甜食更糟。举个例子，假如这是你的一个VB6或其他素食计划：早餐吃了一个由反式脂肪和果葡糖浆制成的松饼；午餐呢，去麦当劳享用了一小份沙拉和一大份炸薯条；然后再来几根能量棒或里斯花生黄油蛋糕当甜点。尽管是素食，但是健康吗？对你的身体来说，自然是不。

---

❶ 育空黄金和德国黄油球均为土豆品种名称。

❷ Vegan Before 6是一种流行的素食习惯，白天不吃动物制品、加工食品，晚上六点以后，想吃什么都可以。

> 此外，我对于在杂食者的世界中成为一个孤独的素食者没有兴趣……
>
> ——Bittman，《六点前素食》，2013

PBD排除了不健康素食饮食带来的不确定性。除了是否放盐外，PBD没有提供别的选择。许多人，包括我本人，在一个食物充裕的世界中很难做得很好。也许我们的祖先经常挨饿，只有那些不断寻找食物的幸运儿活了下来。PBD带走了你的选择和错误决定，并赋予你极高的营养。一些爱尔兰农民一生靠燕麦、土豆和牛奶为生。这三种食物带来了人口爆炸，以及人类历史上最健康的一代人。想象一下，如果每个人从早到晚都吃土豆，再搭配一个营养均衡的晚餐，那我们今天的世界该是多么健康啊。

尝试将PBD作为你的保持阶段的饮食计划。从理论上讲，PBD绝对没有害处。如果你的晚餐有一点肉、一些全麦、水果和蔬菜，你将会是你社区内营养最好的人。素食饮食确有好处，但也有缺点。大多数素食者会服用维生素B12作为补充，因为这一重要的营养物质无法从植物中摄取。如果采取PBD，你不需要任何补品，土豆将为你提供复合维生素，而一顿正常的晚餐将防止由节制食物引发的营养不良。

如果你是一个素食者，并发现自己超重，PBD可能正好是你需要的。PBD本身就可以演绎出很多花样。你可以在工作日、周末，或者一周、一个月内选择任意时段尝试PBD。我想你会发现自己将对菜谱章节的土豆菜看百试不厌，并且这种方法会让你更加享受晚餐。尝试PBD一个星期，你将会爱上它。

总结：白天吃土豆或PBD是一个简单易行的方法，可将你的土豆摄入轻松提升到一个有意义的水平。尽管你吃了一顿正常的晚餐，土豆黑客法依然有效。当你尝试PBD时，尽量按"1849年"的方式进行，不要将PBD与其他变化的土豆餐结合起来。深挖你的意志力，坚持白天只吃原味土豆。如果奏效的话，再尝试一些花样，这会使坚持PBD更容易些。你实施PBD计划，每日摄入的土豆大约为1～2磅。

隔日吃土豆法（"JUDDD"ing）

这是Johnson Up Day Down Day Diet™（通常缩写为通常缩写为JUDDD™）节食法的一个衍生产品。JUDDD™节食法是低碳水化合物节食商业品牌中的一个，尤其受到那些低碳节食者的青睐。按照JUDDD™的方法，参与对象某些天摄入高卡路里食物，某些天摄入低卡路里食物。与JUDDD™相关的一本书叫《隔日节食》（Alternate Day Diet），承诺激活你的"瘦身基因"。如果你正在选择节食计划，不妨看看，也许你会喜欢它。

> 隔日节食是基于科学和医学研究，表明如何通过每隔一日的卡路里限制来激活SIRT1基因，也就是瘦身基因。

按照隔日吃土豆法，你可以正常饮食一天，然后土豆黑客法一天。在JUDDD™下，你将需要经历一个较长的"入门"期，需要用一系列算法来决定你在"Down"日子基础代谢需要。JUDDD™中的"Down"日子指的是减少卡路里摄入（节食）的时候，而"UP"日子就是可以正常饮食的时候。这种饮食的风险在于用户可能没法真正学会合理饮食，而只是在饥饿和过饱之间来回切换。JUDDD法存在同样的陷阱，即需要在正常饮食的时候学会如何吃对东西。然而，JUDDD法的节食日很容易操作，穴居人都可以做到（抱歉，没有贬低Paleo®❶的意思）。在节食日，只需将土豆吃到饱为止。不用计算卡路里，也不用计算营养成分。土豆是"正常日，节食日"（隔日吃土豆）这种饮食方法的理想食物。

JUDDD法是实现长期保持，或温和、持续减重的最佳选择。在保持阶段，一个星期内尝试一次JUDDD法，每个月一次或一年内几次。要减重的话，坚持JUDDD法一个月，看看有什么改变。毫无疑问，该方法的减肥效果一定不如严格的土豆黑客法显著，但是JUDDD法在帮助人们坚持下去方面更有潜力。在JUDDD法下，你可以在节食日尝试任何其他烹调

---

❶ 旧石器时代饮疗法，是一个食疗注册商标。

土豆的方法。你将发现什么是有效果的，并随时切换以保持有趣的状态。

我不能过多强调关于你需要学会如何饮食恰当。做到这点比较容易，只需避免这三类工业化食物：精制糖、工业加工油和强化小麦。如果食品配料表中将上述任何一种作为主要原料，千万不要吃。

总结：JUDDD法包含隔日节食的方法。每隔一天，尝试一次土豆黑客法。用不了多久，你就会看到体重下降。JUDDD法在美食汇聚的节假日期间更为奏效。

加点油或脂肪

出于某种奇怪的因素，人们在土豆黑客法中最想做的事情是用油脂来烹调。我对此方法实在没什么好感，我把它从列表中多次划掉，仅在我又毁坏一个煎锅时才会将它加回来。加一些油脂确实能让烹饪更容易，而且还增加了酥脆的口感。

那用什么类型的油脂，多少量合适呢？这是一个价值百万美元的问题。我曾成功使用了椰子油和橄榄油。我建议如果你需要使用一些食用油，请远离玉米、菜籽、花生或所谓的蔬菜油等工业食用油。人造黄油并不是一种食物，应该坚决避免。我列表里适合土豆黑客法的食用油很少：

- 椰子油
- 棕榈油
- 橄榄油
- 黄油
- 酥油
- 动物脂肪（烤肉时滴下的油、动物油脂、如猪油等）

这是我向所有人唯一推荐的烹调油脂清单。如果你想使用其他类型，由你决定。至于什么量合适的问题，每个平底锅一茶匙，大约4.5克，含40卡热量。一点儿油就能使一顿饭的卡路里飙升。为了更好地控制用油，可使用喷油壶一类的器皿，但是请远离那些非常流行的压力喷洒器。仔细看成分表，如果你看到二甲聚硅氧烷、二乙酰或者任意类型的推进剂，请不要使用。鉴于我服务的公益性，这条永远适用，不仅针对土豆黑客法。

适量的油不是用茶匙或克重来测量的，这个量应该是你做某道特别的土豆菜时为防止粘锅所需的一点油。最佳的用量是一点都不放。如果你发现你做任何一餐都需要很多油的话，那需要自我反省一下了。烤盘纸可以放在任何烘烤菜品下吸收过量的油。

土豆黑客法的低脂肪是其成功的关键因素之一。这是一个极度低脂的饮食，而不仅是"清淡"饮食。当你开始往食物中添加油脂时，食物的整个生理机能发生了改变。在土豆黑客法期间，你身体需要燃烧的每一滴脂肪都应该来自于身体本身，而不是食物。身体需要脂肪，这就是它将脂肪储藏在大腿和肚子的原因。让我们的身体为减少自身的脂肪而做出改变吧。

总结：尝试添加一点点食用油，但仅仅为了协助烹调。如果你在进行土豆黑客法时，每日食用超过一小勺量的食用油，你很可能看不到你期望达到的效果。

肉和土豆

我们都听说过一些人被描述为"肉和土豆人"，也许这样描述是有道理的。为了获得"肉和土豆"策略的成功，你必须确保肉的部分又少又瘦。你会发现，拉长肉食与全土豆餐相隔的时间会增加成功的概率。

比如，食用炸薯圈、少油的炸薯饼或原味煮土豆的全土豆早餐。午餐可以尝试半块儿瘦鸡胸或一片烤鳕鱼，尽量将其控制在4盎司左右，或纸牌大小。有些人在饮食中离不开肉食，而一小片肉足以让他们坚持下去。可能你更喜欢在早餐或者晚餐吃肉，都没问题。不要养成吃一顿土豆大餐，然后再狼吞虎咽下一堆培根这种习惯，这是无法奏效的。

总结：在正常土豆餐前几小时，食用一小片瘦肉，看来并不影响土豆黑客法。但是你的食物计划可能会发生改变！

土豆和肉汁

如果存在一个天作之合，我不知道会是什么，但土豆和肉汁确实是绝配。在这个变化中，我们将土豆与温和的调料及肉汤搭配在一起。肉汤，可以是鸡肉汤、骨头汤或简单的蔬菜汤，都是很健康的。这几乎不能称为食物，更像是饮品。这些汤比水要多些营养而且有滋有味，但却几乎不含什么热量，尤其是当表面的油脂被撇去时。我的营养计算器显示，每杯鸡肉汤仅含20卡的热量。这太划算了。

下面是最精彩的部分：有什么能比土豆淀粉更"土豆"呢？土豆淀粉是烹调肉汤的首选。

以下是食谱：

- 两杯鸡肉汤
- 一茶匙土豆淀粉

说明：将1/2杯冷鸡肉汤倒进一个小碗并搁置一旁。将剩下的鸡肉汤放入小锅慢炖。在等待鸡肉汤加热的过程中，将1茶匙淀粉添加到冷鸡汤里并用力搅拌。当锅里的汤开始沸腾时，将淀粉和冷肉汤的混合物缓慢地加入并搅拌。土豆淀粉会迅速凝为胶状，一道浓香醇厚的汤汁儿就做成了，适合用于任何土豆菜肴。

就这么简单，两种调料即可。做够一周的量吧，你并不需要大量的美味汤汁来浸润你的土豆。加一点盐和胡椒，你甚至都不知道这就是土豆黑客法。不是我想给你泼冷水，不要以为土豆黑客法如此简单。就如Scrooge对Marley说：

> 你可能是未被消化的一点牛肉，一点芥末，一些奶酪，一块半生不熟的土豆。不管你是啥，肉汁都比你重要。
>
> ——查尔斯·狄更斯，《圣诞欢歌》，1843

总结：用土豆淀粉和汤汁亲手做成一份家常肉汤，也许你会将这个菜谱当做今后日常生活的一部分，真是再好不过了。

甘薯替换法

甘薯通常被称为红薯。出于变换花样的考虑，我们也将山药加进来，因为大多数人分不清它和甘薯的区别，而且在超市里它们也经常被标错。甘薯、山药和土豆在营养成分上是不同的。甘薯的淀粉含量少，但含糖量高。

图1标明了3磅土豆和同等重量的甘薯所含的营养成分。虽然成分含量的区别不大，但是每一种都有特殊的意义。我同几位将甘薯、山药作为他们土豆黑客法一部分的人聊过，我个人还不能确认山药和甘薯的有效性或饱腹感。这种尝试没有得到完全的证明，如果它有效的话，将是一种完全不同的疗法。

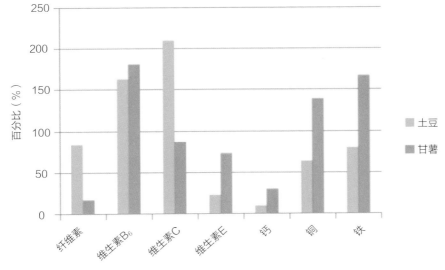

图1 土豆与甘薯营养成分对比

这种方法是我最不喜欢的，但是你可能喜欢。在一顿饭中简单地用几个甘薯替代几个土豆，或是直接来几顿甘薯／山药餐看上去也不是什么大问题。对那些茄属植物过敏的人来说，这可能是他们所需的方法。甘薯和山药并非来自于茄属植物家族，因此它们不像土豆那样含有茄碱和卡茄碱等可能会让一些人身体不舒服的物质。

总结：如果你不能接受普通的土豆，就尝试下甘薯或山药。作为土豆黑客法的一种变化而言，添加甘薯或山药是完全可以接受的。

结论

花样变化是无止境的，但是我对此感到很高兴。你可以自由混合和搭配，比如用调料和肉汁将肉和土豆放在油里煎炸。这违背了土豆黑客法吗？这是一个"合法"的组合，但是你需要做决定。这些变化方法的本意不是说开辟一个让你吃更多土豆的途径，而是为了打破单调或者避免业余厨师那些不合口味的烹饪方法。努力尝试，深入挖掘。我更愿听到这些变化的烹调方法没被采用，或者它们帮助你坚持了真正的土豆黑客法。

土豆格言

> 对我而言，一个原味烤土豆是最美味的，使人放松并满足。
>
> ——M.F.K. Fisher（1908—1992），
> 美国著名食物作家

笔记

第03章 减肥与体重保持攻略

　　土豆黑客法无疑对超重的身体有直接的生理影响。我们可以利用这些影响轻松达到减肥并保持体重的目的。常见的减肥方法主要是通过严格的热量控制计划或控制多种营养元素（蛋白、脂肪、碳水化合物）摄入，形成热量不足来达到减重的目的。如果在饮食方面不做任何改变或减少热量摄入，那么减肥是一句空谈。

　　与其让人饿上几个月或几年去减肥，不如尝试土豆黑客法这种全新的节食方法。HCG❶节食法是将某种人体激素滴入或注射到体内，使患者在摄入很少热量的情况下也感觉不到饥饿。很多尝试过HCG节食法和土豆黑客法的人告诉我：土豆黑客法与HCG节食法的效果是一样的，但花费要小得多，而且没有副作用。

> "据报道，HCG节食法所带来的副作用包括疲累、易怒、心神不安、抑郁、水肿以及发生在男性身上的乳房肿胀等。此外，这种节食法还会产生血凝块和血管不通畅的风险。"
>
> ——梅奥诊所，2015

　　"禁食"和"清肠"是最近节食风潮的必要组成部分。这些短暂的干预措施都有显著的效果，但经常困扰人们的是到底能吃什么。而土豆黑客法可被看做是一种全方位的肠胃清理，甚至是一种单一食物摄入的节食方法。

减肥

　　无论你需要减掉200磅还是2磅，你都可以尝试土豆黑客法。很多人会为参加同学聚会、婚礼或照片拍摄等进行一两次土豆黑客法，在短期内减掉几磅，这种立竿见影的减肥效果是其他节食法无法比拟的。

　　如果你考虑减掉更多的体重，则需要进行多次，一直达到目标体重。现在让我们一起来

---

❶ Human chorionic gonadotropin，学名为绒毛膜促性腺激素，是从孕妇尿液中提取的一种天然激素。在孕妇前四个月，很多孕妇伴随着程度不同的妊娠反应，无法正常饮食。那么妈妈和婴儿的基本能量是如何维持的呢？HCG的作用在这种时候就发挥了重要的作用。它能够释放孕妇体内储存的脂肪，这些脂肪在人正常情况下，是不被启用的。因此，不难看出，HCG这种激素是开启人体库存脂肪的一把钥匙。

了解几种可以反复使用的土豆黑客法。假设你有非常可怕的饮食习惯，比如总是过度进食并习惯性地吃一些不健康的食物，土豆黑客法会帮助你控制这些欲望。这不是说土豆黑客法会帮你打败这些坏的饮食习惯，而是让你看清这些习惯是多么愚蠢。

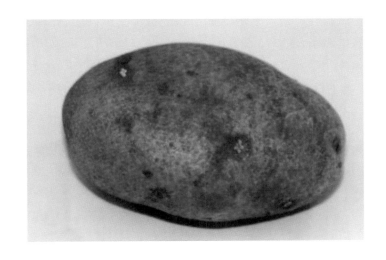

大多数节食法的祸根在于你停止节食后体重会反弹。从这方面讲，土豆黑客法不是一种"节食"法，而是一种快速减脂法。节食的根本目的是减脂，而土豆黑客法妙在节食不减营养。如果有人将土豆的化学成分提取出来制成节食药片，那它将会是最好卖的减肥药。从食物形式而言，土豆无疑是最唾手可得、设计最棒的减肥药。

很多减肥法会把你的注意力引向一种全新的"饮食方式"（缩写为WOE，英文单词与"悲哀"同义），学习并坚持一种全新的饮食规则确实也是挺悲哀的。那些让你永久性地避免摄入淀粉、肉或脂肪的饮食法注定都会失败，我们的身体生来就是要吃各种不同的食物，不能长期违背这种自然规律。通常情况下，尝试这些减肥法的人会因为对某些"禁吃"的食物充满强烈的欲望而变得很痛苦，如果你在读这本书，你对此肯定深有体会。

- **快速燃脂法：1~5磅**

听上去是不是很容易？其实不然。你们当中大多数都知道，为了能穿下那些瘦小的牛仔裤，减掉一磅两磅的肉有多难！但是用土豆黑客法就没那么费劲了，基本上一周内就能达到让你满意的效果。想让自己在订婚时光彩照人？那就提前实施这一方法，不但减肥还能消除身体的炎症，让你看上去比体重秤上显示的数字还要瘦。很多人反馈说自己不光减掉了体重，还停止了打鼾、增强了消化功能，并且觉得不再那么饿了。

节食计划：3天内只吃土豆。不要被我之前说到的"花样变化"所误导，试着回归传统。要记住有一种强烈的欲望在背后支持你。正如传奇超模凯特·莫斯讲过的：

美食的味道远不如拥有纤瘦身材的感觉棒。

——凯特·莫斯，2009

尽管这一言论让莫斯小姐多年来饱受嘲讽，但我却理解她为何这样说。每个人都想把自己最美的一面展现给他人。当我们必须在新老朋友及评价你的家庭前登场时，减掉几斤肉真的会让自己感觉很棒。如果你天生就很瘦，你是不会明白这种感觉的。

节食前：买20磅你能买到的最好的土豆，如果可能，买有机的。最好你知道自己喜欢哪种土豆。如果你不能确定，我建议你开始的时候吃那种小的红土豆。这种土豆有网球大小，甚至更小一些。如果你喜欢剥皮吃，这种就很适合，因为它的皮很薄。另外这种土豆的口感特别好，适合各种烹饪。

第一天：任选一种这本书里提供的烹饪方法，先烹制大概10磅土豆。早餐时，尝试非油炸薯饼。午餐呢，如果你要上班，可以在微波炉里热几个直接吃，或干脆凉着吃，都不会有人注意到。晚餐接着吃煮熟的土豆，想怎么加工都行。如果在餐与餐之间你感到饥饿，不要紧张，吃点土豆。当然要记住，这不是吃土豆比赛，这是一种快速减脂的节食法，有一点饿说明你的身体在消耗脂肪。要学会接受饥饿，不能坚持时再让步。

第二天：省略掉早餐。如果忍不住可以凉着吃一个小土豆，但要尽量延长饥饿期。在整个土豆黑客法期间，脂肪燃烧最快的神奇时段就在晚餐和转天的第一顿饭之间。延长这一时间段会让你减掉更多的体重。午餐可以吃个丰盛的土豆大餐。比如一大盘烤熟的非油炸薯条。这种薯条凉着吃，或再热一热了吃都非常美味。晚餐前尽量不要再吃了。晚餐可以选择你喜欢的方式继续吃土豆。我建议吃一大份土豆泥。到现在，你已经尝试过好几种烹饪土豆的方法了，预煮的那些土豆也被你逐渐消灭了。在第二天的傍晚，再煮出一些足够你第二天食用的土豆。让自己饿着去睡觉。

第三天：如果你想，早餐可以吃一些。午餐只吃一个凉的土豆。到了晚餐，就该给自己准备一顿热的土豆主菜了。细细地品味其中的滋味。你会发现精心烹饪的土豆餐其实非常好吃。如果一天下来，你只是凉着吃那些噎嗓子的煮土豆，肯定都吃烦了。我希望你尝试这本书里提供的土豆菜谱，它们真的很棒。

假如这是你第一次尝试土豆黑客法，三天可是一个不小的成就，恭喜你！也许你会问，一个人怎么可以吃得下这么多土豆？别忘了，在18世纪，好多人也只吃土豆，包括很多欧洲国家的贵族们。爱尔兰伯爵夫人玛特·卡谢尔在1801年巡游欧洲的时候，与波兰伯爵夫人的谈话记录中说道：

> "生活更为富足的爱尔兰地主们在巡游欧洲时表现出的对土豆的迷恋让欧洲大陆很吃惊。当波兰的这位伯爵夫人与玛特·卡谢尔夫人在巴黎会面时，她发现玛特·卡谢尔夫人午餐只吃煮熟的土豆！她也是在那时才第一次听说土豆是爱尔兰的主食。"
>
> ——Wilmont C.，（1920），《欧洲大陆的爱尔兰贵族（1801—1803）》，
> T.U Sadlier修订，伦敦

如果玛特·卡谢尔夫人能做到，你也可以的！土豆是很好的食物。

第四天：如果你愿意，可以将土豆黑客法再延长一日，不然的话今天就是你节食后的第一天。你可以想吃什么就吃什么，但请你留意吃下第一口食物的味道。三天以来，你的味蕾和大脑的反馈中枢已经被淡而无味的土豆占据了。更可能的情况是，你早上醒来时不再感到饥饿了，或者说是不着急用土豆来克服饥饿感了。薯饼是一个不错的选择，只是这次做的时候要加点油和调味盐。当那一丝咸咸的、脆脆的味道在舌尖绽放时，你的味觉开始苏醒，你会觉得自己从未品尝过如此美味。

效果：如果你在节食的第一天称过体重，那么第四天你会发现自己轻了2~5磅，你的衣服穿上去变松垮了，别人也会注意到你的脸瘦了下去。但最棒的是，你会变得更加欣赏食物，也更尊重自己了。

> "……但是，无与伦比的是什么呢，你开始学会自我否定，这种在为数不多的人身上才能找到的特质。"
>
> ——《土豆减肥》，1849

如果节食后距离你的"大日子"还有一段时间，那你可以在正常吃几天后再进行一次土豆黑客法。这一次可以换一种吃法，并在结束后比较两种方式的不同。进行两次三天的土豆黑客法，中间间隔一周的时间，这种方法特别适合为高中同学聚会做准备。聚会时如果有人问你身材怎么保持得这么好，告诉他们："这是土豆黑客法的功劳！"

• 顽固的"最后10磅"

最后10磅也好，5磅也好，甚至2磅，只要是最后的这几磅，减下去总是那么困难。我曾经花了一年的时间尝试减掉10磅，没有成功。最后试了2周的土豆黑客法，结果不但减掉了10磅，还多减了2磅。在这之前我尝试了好多种其他方法，土豆黑客法让我重拾信心，之后我每天只吃煮土豆，一天天看着体重秤的指针往下走，再往下走。

无论你到目前为止尝试了哪种减肥方法，土豆黑客法都会对你有帮助。它还有可能为你目前的减肥法做一次有益的暂停。很多减肥法在你减到设定目标的50%~70%时就停滞不前了。随着体重的减少，你的身体对热量的需求也会减少，而新陈代谢也会随之减慢。这时你已经让身体学会了用少量摄入来维持正常运作，因此平台期或停滞期就到来了。

进入停滞期对节食者来说是一个噩耗，一般对付它的方法就是加大节食力度。比如你已经在吃低碳食物，这时你就需要吃更加低碳的食物。如果你使用的是慧俪轻体（Weight Watcher）法，那这时你需要追求更低的点数❶。但这些基本上不会有什么起色。这时候尝试

---

❶ Weight Wathers公司为减肥者设计的计分系统。该系统的最新版本发布于2015年12月，基于每种食物所含的热量、糖、饱和脂肪和蛋白质，分配了不同的点数，方便使用者计算每天的摄入量。

吃土豆会彻底地改变你的身体系统。它对消炎效果、反馈中枢、还有肠道的新陈代谢开始起作用。吃饱的肚子会说："别再吃了！"而你的身体不再有饥饿感。脂肪也开始燃烧，最后那几磅终于逐渐消失了。

方案：一开始就做好5天土豆黑客法的准备。忘记减肥目标并停止正在进行的疯狂节食法！让自己做好长期保养身体的准备，先把目标体重抛到脑后。你会发现，传统的减肥法一味将关注点放在最终要达到的体重上面，这其实是一个误导，只会让减肥更加困难。他们知道你达不到最终的目标。而土豆黑客法则戳到了慧俪轻体（Weight Watchers）和珍尼克雷格（Jenny Craig）等减肥大牌的痛处。想象一下如果营养师阿特金斯知道你用"邪恶的碳水化合物"❶打败了他的"忌食热量食物"的减肥方案会怎么样？

节食前：买30磅优质的土豆，最好是有机的。尽量选几种不同品种的土豆。在农贸集市选购传统黄油指（heirloom butterfingers）、紫印加（purple Incans），或者德国红（German reds）品种。

第一天：按照食谱部分提供的"煮土豆"的方法煮5磅小的土豆。煮熟冷却后，放到冰箱里储存。这些将是你的救急粮食。第一天，一定要按照正确的方法去做，不加盐、不加其他调味料，只吃土豆。想吃多少就吃多少，但要记住这不是吃土豆比赛。第一天是最艰难的一天，所以要把它看成一次挑战游戏。用不同的方式烹饪土豆。如果你的厨房设备不够齐全，去买一个不粘平底锅还有一些烤箱纸。

第二天："再来一遍，力度再大一点，对自己再狠一点"。不吃早餐，不是必须的，但是个好主意。很多脂肪是在你睡觉时燃烧的，你吃早饭时即停止了，尽量将这一脂肪燃烧最快的阶段延长。如果你发现自己已经瘦了1磅或2磅，给自己鼓鼓掌。在这一天中试着吃几个凉的熟土豆，甚至当成一顿饭吃也行。第二天你的注意力会很容易分散，一定要避免。

第三天：继续吃土豆。好吧，你已经显示出了减肥的勇气和决心。今天可以换个花样吃土豆，但如果你一心要达到并接近目标体重，就继续按1849年的方式去做吧。

第四天：看看你的土豆库存以及预煮的土豆还剩多少。你可不希望在今天断货！可以尝试不同的烹饪方法。如果你距离目标体重还差那么一两磅，先别急着庆祝，继续你的土豆黑客法。要是你的亲人朋友或同事们觉察出你最近迷恋上了土豆，请用爱尔兰口音告诉他们你正在进行土豆黑客法。不久，你就会成为生活圈里的土豆黑客法大师了。

第五天：最后一天了，你感觉如何？如果起床之后发现自己完成了预设的目标体重，现在你可以欢呼雀跃了。如果发现还没有达到目标，那就把剩下的一点土豆当早餐，这周就这样结束了吧。下周再开始实施新一轮的土豆黑客法，有了上一次的经验，这次你该知道还需要买多少土豆以及再吃多久就能达到目标了。

效果：5天的土豆黑客法通常会让你平均每天减掉0.5～1磅的体重。你达到这个预期了

---

❶ 指土豆。

土豆在跳舞！

吗？如果不是，反复阅读本书后面的"常见问题"部分。土豆黑客法结束后你的体重达到预设目标了吗？如果没有，值得再坚持一或两次吗？如果完成任务了，记录下节食过程中你的心得体会以及一些小技巧，它将在以后的日子里帮助你保持体重。

　　如果你尝试节食减肥多年，并已经许久停滞不前了，那现在你应该很感激我了。但这不是我的功劳，而是你自己努力的结果。将自己的经验分享出去，跟周围和你一样正在减肥的伙伴说说你的土豆黑客法，这本书里有足够信息让你就这个话题侃侃而谈。记住，最后5天的土豆黑客法实际上就是18世纪爱尔兰农民每天的吃法。如果你计划在稍后的一周再实施5天的土豆黑客法，你会尝试不同的烹饪方法吗？第一周严格按照方案实施，并且要做对，这非常重要，它将是你以后变化的基点。

- **第一次节食者：20到100⁺磅**

　　这是针对那些第一次想尝试节食的读者而言，他们有一天起床后发现自己需要减肥了，或者是他们的医生建议："该减减肥了！"我特别喜欢这些新手，他们的脑袋还没被其他五花八门愚蠢的减肥方法塞满。仅土豆黑客法这一种方法就足够让他们或医生达到满意的效果了。但记住我的话：你一定要学会正确的吃法！如果你已经开始了一些节食法，但午餐吃了麦当劳，晚上又吃了塔可钟的"第四餐"夜宵，那你前面还有很长很长一段要走。土豆黑客法可以帮助你减掉多余的肉并保持下去，但我的朋友，你自己需要学会正确吃东西啊！

方案：你需要换一个角度看待食物，但这并不是让你对吃东西有恐惧心理。检查一下你的饮食，你每天吃的蔬菜和水果够吗？你是不是吃了很多加工食品？你是不是吃甜食上瘾？弄清楚这些问题光靠你自己有点难，你可以下载一些节食方面的书。菲尔医生的20/20节食计划就不错，还有健身之父杰克拉·兰内在《永葆青春》一书里推荐的内容。不要去买那些标有"减肥食品"的东西了，如果你需要吃特别的食物才能减肥，那肯定不会有什么作用。我会告诉你"我是一个吃肉的素食者加一个吃面的原始人"。把减肥计划看得太虔诚是错误的心态。

让我们任意选一种节食法去尝试，看你的进展如何。几乎任何一种节食吃法都比大多数美国人现在的吃法要好。而土豆黑客法则会将食物的真正美味展现给你，从而帮助你换一个视角看待食物。同时土豆黑客法还会让你看到"减少碳水化合物"的摄入是一个很荒谬的主意，特别是像玉米、大米，还有土豆这些健康的食物都被列入限制清单。

> "我们根本就不相信上帝创造了小麦、大米、玉米、大麦、荞麦等；板栗、坚果、胡桃果、核桃等；苹果、梨、桃子、李子、葡萄，以及上千种其他美味的食物不是给人类享用的。"
>
> ——《土豆减肥》，1849

第一周：一旦下定决心要减掉多余体重，就不要回头了。第一周先大扫除，把房间和办公室抽屉里所有的垃圾食品及油炸小吃都扔掉。再去买20磅上好的土豆，最好是有机土豆，按照书中菜谱部分提供的方法先试着做几顿土豆餐，这一周之内吃几次纯的土豆餐。迈出第一步，慢慢地、简单地赢得这场比赛。

第二周：开始尝试一天的土豆黑客法。早、中、晚三餐都吃土豆。肚子还是饿？吃个土豆当零食吧！

第三周到第八周：继续实施你计划好的节食方案。要学会在杂货店外围买东西，避开陈列了加工食物和零食的区域。不要在两种不同的节食方法之间摇摆，比如低碳节食与素食。太过完美的节食法一定不是真的，而太过困难的节食法不能实行。这期间也是你对自己的健康状况、睡眠习惯和压力水平做一个评估的时候。一个好的节食计划应该把这些关键要素都考虑在内。

第九周：在改变好的饮食习惯几个月后，记录一下自己的体重还有自己的感受。两个月的新饮食计划对你有帮助吗？如果你对自己制定的这个饮食方案很满意，尝试3天的土豆黑客法，开始真正实施减肥方案。如果你每周持续丢掉1～3磅的肉，那就根本不需要实施土豆黑客法了。如果你的体重还在上升，回顾一下前面自己实行的饮食方案，看看哪里出了错。

第10周到第26周：过了大约6个月的稳定节食，你应该向自己的目标体重靠拢了。如果在这个过程中遇到了超过一周或两周的停滞期，那就尝试土豆黑客法，能吃多少天就吃多少天。这时最好尝试我推荐的不同烹饪方法。试着只吃土豆，或早餐、午餐只吃土豆。最糟糕的是把自己陷入失败感或挫败感。如果你的健康状况开始变坏，去看看医生。也许你有健康方面的问题。

第26周至第52周：作为一个"曾经超重的人"，现在的你应该处于"保持体形"的阶段。小心别让自己重拾旧习惯。时不时地用土豆黑客法控制好体重。你可能会发现自己定的目标太低了，体重再增加一点才好。要养成长久的饮食和保健习惯，坚持每天散步，做一些力量训练。

效果：土豆黑客法不是一种节食方案，它仅仅是一个小窍门，帮助你的饮食变得更有效。正如你在这里读到的，土豆黑客法通过新陈代谢与减重帮助你重新启动了自己的身体和意念，使它们更容易接受持久减重。如果你在尝试土豆黑客法的这一年中听到有人议论你"他是不是病了？"别觉得奇怪。很遗憾，在我们生活的社会中，人们觉得只有得了病，人才能瘦下去。还有可能会有人问你是不是"动了手术"。告诉他们："不是，就是吃土豆吃的！"

- **专业节食者：20到100⁺磅**

这个方法针对的是那些一生中大部分时间都在节食的人群。你熟知所有与减肥相关的术语。你的饮食方式（WOE）比标准美式食疗（SAD）更好吗？你是用低热量减肥法还是超低热量减肥法？你今天的尿酮体试纸检测结果怎么样？你喝过防弹咖啡吗？

别担心，这些我都经历过。从一个节食法换到另一个节食法其实是非常愚蠢的。找个靠谱点儿的，如果有效果，还要坚持做下去才行。我对马克·西森、保罗·吉米内特、还有大卫·爱斯普蕾这些人心存感激，因为说实话，大师们推荐的节食法是有可取之处的。几乎所有的节食法都比现在美国人的饮食习惯要好。而土豆黑客法不是一种节食方案。节食遇到的最大的问题不是"减掉体重"，而是保持不反弹。如果有人减掉100磅，我觉得没什么大惊小怪的，但如果有人减掉100磅并保持了5年没反弹，我才会觉得惊讶。如果你有肥胖症，做过某种心脏搭桥手术，减掉的体重又反弹了，那你可以尝试用土豆黑客法来达到你的目标体重。但你需要特别努力地去学习如何针对自己的身体情况来安排饮食。可能你身体肥胖的原因不仅仅与吃相关，而是由某种疾病，如多囊卵巢综合征、甲状腺疾病、激素失调等导致，那么土豆黑客法不能帮助你治愈这些疾病，但会帮助你把体重减下去、尽管你有肌体损伤或个体遗传性问题。

心脏搭桥手术会引起一些特殊问题。如果你做完手术后成功减掉了体重，那是因为你的肠道菌群发生了变化。过几年后，当你的肠道菌群恢复到从前的状态，这时候可能会发生反弹。而土豆黑客法能帮你避免这一问题出现。

同样的，如果你已经做了好几年的慧俪轻体节食或原始人饮食法，你身体的新陈代谢可能已经完全改变了，对新的饮食介入没有太大反应，而且由于你长期禁食某些食物，你可能会有食物过敏的反应。你的胰岛素敏感性会很差。你可能形成了条件反射："我不能吃……"这说明你已把自己限定在完全相信所谓的"很多食物坚决不能吃"的说法上。土豆黑客法可能不会和你成为朋友。

方案：去准确地评价问题。做一个身体检查，问问你自己：

- 我在避开真正的、健康的食物吗？
- 我在吃加工食品，如白面粉、白糖、人造甜味剂、植物油吗？
- 我现在实行的节食方案有效果吗？

如果医生证明你有问题，也许你真该去做一些改变了。而这时候你正需要土豆黑客法的帮助。要克服这些由节食带来的综合征并防止体重反弹，你需要用全新的态度对待饮食。土豆黑客法则是你随身携带的一个工具，帮助你完成任务。不是惩罚，而是一种优待。

> "所有尝试过土豆黑客法的人都表示很满意，而那些重新回到普通节食法的人都后悔了。"
>
> ——《土豆减肥》，1849

第一周：双脚起跳。直接先来3天的土豆黑客法，你可是专业的节食者，与之前你所尝试的所有节食法相比，土豆黑客法无疑比之前节食法的任何3天都来得健康。我不是侮辱你的智商或斥责你，这是你经历过的，对吧？可能试过之后你发现很讨厌土豆黑客法，没关系，尝试一下。

照1849年的方法坚持进行土豆黑客法三整天。准备20磅优质的土豆，然后一路吃下去，一两顿变换花样烹饪是可以的，但要尽量吃清水煮的土豆，其他节食你都能坚持下来，别在这个方法上松懈啊。

第二周：与上周相比，这周感觉如何？有没有减掉几磅？有没有打败饥饿这个怪兽？有没有觉察到什么变化？你真的讨厌土豆黑客法吗？如果你发现自己爱上（或者在某种程度上变得喜欢）土豆黑客法，想一想你的正常饮食缺少了什么。你还是经常感到饿吗？身体有水肿吗？消化有问题吗？

第三周[+]：将土豆黑客法与你之前试过的节食法做一个比较，看看土豆黑客法是不是对你更有益？考虑一下彻底改变饮食，通过土豆黑客法让自己的新陈代谢休息一下。在第一个月里尝试所有的土豆黑客法方案并做一个比较，看是不是某一种更适合你，你可是一个专业的节食者，让土豆黑客法与你同行！

效果：虽然我很不情愿说得这么直接，但我们中很多人可能一辈子都要节食。我发现使用土豆黑客法对我们的态度和健康都有神奇的效果。正如我一直强调的，土豆黑客法不是一种节食法，而是当普通方法失败后，可以使用的一种工具。我没那么幼稚，我也知道你没那么幼稚。导致我们肥胖的原因有很多，而且我们对各种节食方法的反应也有很多差异。我们的性别、年龄、荷尔蒙状况、体形，还有基因都会对体重有影响。下面我们一起来看看如何运用土豆黑客法保持体重吧。

保持体重

土豆黑客法在不费力气即能常年保持体重方面的效果首屈一指。任何一个易胖的人一生中体重变化应控制在不超过5~10磅的范围。通常情况下，如果一个人一年内增长了几磅，他可能觉察不出来。但过了几年之后，换了几个不同尺码的裤子，你会发现减掉10~20磅可不是一件容易的事。最好的做法就是别让自己的体重反弹到那个程度。

我们每个人都应该有一种具体方法来衡量自己的健康状况，无论是数字体重秤或是衣服的尺码。体重秤可能会误导你，但如果你知道自己在最健康的状态下体重大概是多少，那么你的体重可以作为一个衡量健康的标准。很多人不喜欢体重秤，他们无法每天看着上面的指针浮动，那会让他们不安。如果你就是其中一个，请把它扔掉，用衣服的尺码或者捏捏自己的肉去衡量体重吧。

方案：这就到了土豆黑客法变换花样的时候了。一旦你快要接近自己的目标体重，尝试2~3天的土豆黑客法，看看你的身体有什么反应。像1849年的人那样去做。一旦你完成了目标，一个月内尝试几次土豆黑客法提供的不同方案，甚至可以一周来一次。很多人发现只要保证一个月做2~3天的土豆黑客法，就可以无所顾忌，想吃什么就吃什么（当然了要适量）。你可能不会看到体重秤的指针下去很多，也可能没有什么特别感觉，但实际上你确实在做一件很有意义的事。

一天之中只吃土豆会形成卡路里的负摄入，并燃烧掉几盎司脂肪。而正是这"几盎司"的脂肪在我们的身体里做怪。土豆黑客法方便易实施，而且很省钱，比你正常的饮食还便宜。我自己最喜欢的一种土豆黑客法就是"白天吃土豆"（PBD），你可以在本书第二章的花样变化中找到这个方法。PBD其实是另一种节食疗法严格素食者的一部分。严格素食法提供的方法是一天之中除了晚饭正常吃外，其他时间只吃素。而我用土豆替换了其中的"素食"。不是所有的植物吃下去都会让你减掉体重，例如，"严格素食"里就包含面包、坚果、还有水果，你体内的卡路里会因为吃了这些而上升。要想通过吃素达到减肥目的，你需要计划周密并提前做好准备，而吃土豆就没这么麻烦了。

效果：土豆黑客法及其多种变化方法，能让你的体重变化常年保持在5~10磅。很多人喜欢在过节前和过节后进行土豆黑客法，还有一些会在夏末、冬末或任何你发现自己的体重增长了的时候。从这个角度来讲，我们不能说土豆黑客法只是一时流行的饮食方案。我们用土豆黑客法来帮助维持新陈代谢、肠道健康和体重。

• 结束语

无论是为了减肥还是为了保持体重，土豆黑客法都是一个不错的方式。它不是一种"吃东西的方式"，而是一种减肥消炎的方式。它可以与任何一种减肥方案并用，也可以作为一种短期的节食方法单独使用，用来帮助你减掉少量的赘肉、快速减肥或使你的体重常年保持在适度范围内。

土
豆
格
言

> "我没说吃土豆很低俗,也没嘲笑把它们做调料,只是觉得很搞笑,因为用它们减肥很省钱。"
>
> ——威廉姆·科贝特,英国记者(1763—1835)

🥔 笔记

第04章 土豆黑客法菜谱

你可能认为关于土豆黑客法的菜谱内容会非常少吧。但当我看到单单用土豆作为原料就能烹饪出如此多的菜肴时，我也惊呆了。其中很多还将会成为你"法式土豆大餐"的主打菜呢。菜谱部分可划分为四块：水煮、烘焙、蒸煮和油炸。自始至终，我探讨的唯一原料只有土豆。只要你想，你可以选用调料搭配土豆。但我非常非常建议你，在第一次用土豆黑客法菜谱的时候，不加任何调料。盐，可以，但只一点点。学习烹制土豆黑客法菜谱非常有乐趣。这些菜谱包括从公元前200年，到19世纪晚期，直到今天的做法。往常，古代的爱尔兰人在土豆上的创造力和尽享其中乐趣方面可谓拔得头筹。

> 没有其他种类的食物可以比土豆的吃法更多了。我们只采用了其中的3～4种方法，水煮、烘焙或油炸。
>
> ——《农场主注册簿》，爱尔兰，1885

我不断被问到的一个问题就是"我能生吃土豆么？"答案是肯定的。生土豆比地球上的任一食物含有更多的抗性淀粉。一个很好的习惯就是在做土豆的时候生吃一两片。这应该是一个延续一生的习惯，而不应只是减肥期间的特殊做法。生吃一片土豆还有另一个目的。如果你不确定手上土豆的安全性，生吃一小口。如果感到有任何的灼烧感或刺痛感的话，这个土豆中的龙葵素含量可能超过了健康级别。在我吃过的许多生土豆中，我碰到过一次灼伤嘴唇，显示龙葵素含量高的情况。生土豆无毒，事实上，非常健康。但是，如果你只吃生土豆，那你得到的营养就非常有限，因为它们主要都喂了肠道细菌，而不是人体。除此之外，它们还是相当美味的。

> "秋纽奥"（Chuño）是一种冻干脱水土豆，它源自安第斯山脉高地，当地人享用"秋纽奥"已有上千年的历史。土豆被摊在地上，晚上冻住，第二天人们走在上面，压迫汁液流出，土豆变干。这个过程重复5天或以上，就会得到干燥的白色或者黑色土豆块。"秋纽奥"可以存储多年，可用来抵御饥荒。它非常轻，在长途旅行中可以携带，只需要放在水中再泡发即可。"秋纽奥"可在特产商店或者网上买到，尝试一下，它们干吃是美味的零食，也可以应用在很多菜肴中。

出于本章的目的，我们把土豆划分为五类：

- 褐土豆（Russets）（烘烤最好）
- 白土豆（Whites）（蒸食最佳）
- 红土豆（Reds）（油炸最佳）
- 黄土豆（Yellow）（味道最好，适合各种烹调方式）
- 紫土豆（Blues）（各种方式均可，吃起来很有乐趣，不太容易买到）

每种土豆都很容易辨别，褐土豆是典型的"烘烤"土豆，椭圆形，有厚厚的深褐色的皮。其他种类的颜色都很有特点。每种土豆还都包括手指土豆、香蕉土豆、芬兰土豆、黄油球土豆和新土豆❶。事实上，土豆的种类超过了6 000种！找个好的供应商，每种都试试吧。

水煮

个头小、皮薄的土豆最适合水煮。红的、黄的和白的土豆被认为是最佳水煮土豆，因为它们不像褐土豆和紫土豆那样易碎。选择既结实又没有疤痕、芽眼和绿斑的土豆。用于水煮的土豆个头大小应该介于高尔夫球到网球之间。如果大了，就切成四块。

---

❶ 各种个头小、未完全成熟的土豆。

> 水煮是最简单、最经济，可能也是最有营养的土豆烹饪方法。水煮后，土豆中的营养物质进入胃部，在比它们自身重两倍的水中扩散开来，而且扩散程度要比任何人工制作的土豆粉和水的搅拌物大得多。
>
> ——《农场主注册簿》，爱尔兰，1885

- **热水煮土豆**

简单清洗土豆，去掉疤痕、芽眼或者绿斑。外皮留着。如果不想吃皮，煮熟后很容易撕掉外皮。

- 把土豆放在装有冷水的平底锅中，开中高火煮
- 如果喜欢，可以在煮的过程中加入½～1茶勺盐
- 关至小火，并加盖继续煮
- 水煮15～20分钟
- 用快刀插入土豆来检查是否煮好，刀轻松地插至1英寸后遇到阻力就是煮好了，别煮过头了
- 当每个土豆达到一样熟度时，控干水，趁热吃

变化1：土豆泥。 土豆泥通常在加奶后调和或搅拌至均匀细腻。没有奶或黄油，就永远不会出现那种你可能已经习以为常而且难以抗拒的天鹅绒般的润滑，但你可以捣泥，即使只是大致捣捣，也能捣出非常合适的土豆泥。需要的设备：捣土豆器。

变化2：土豆饭粒。 把土豆放在一个特殊装置里，强力压制土豆穿过小孔。出来的结果就是饭粒形状的非常轻的土豆粒。专业大厨在捣制超细腻土豆泥前会先把土豆做成饭粒，但食用新鲜制成的土豆饭粒本身也是一道菜。需要的设备：土豆饭粒压制器。

变化3：外熟里生土豆。 爱尔兰人烹制土豆时喜欢"留硬芯在中间"，意思是他们不会把土豆完全做熟。这种烹调方法最大限度地保留了土豆里面的抗性淀粉。生土豆的抗性淀粉含量非常高，但完全煮好的土豆更好吃。

制作过程和热水煮土豆差不多，不过仅煮10分钟。土豆中间还是生的。

变化4：冷"煮"土豆。 这道菜由爱尔兰玛格丽特·芒·卡夏尔伯爵夫人在1800年推广开来。她非常喜欢用冷煮土豆（cold Boil'd potato）当午餐（人们在1849年就在菜名中将B这么大写的），即使有更好的佳肴摆在面前。人们都说，她是一位非常美丽的夫人。她以"身材苗条、容貌美丽"著称，与同靠紧身衣才能显出小蛮腰的典型的维多利亚时代的妇人大有不同。也许伯爵夫人是用土豆黑客法来保持完美身材的吧。

- 准备方法同上，煮熟或者留硬芯在中间
- 当煮到想要的程度后，放在流动冷水下冲洗，使土豆快速降温。当温度降到可以触碰后，用布吸干水分，放在冰箱里存放

- 食用的时候放一点盐，或者就像卡夏尔伯爵夫人那样，什么都不放

冷"煮"土豆可以在冰箱里完好保存长达一周。超过这个保存期，它们会变得干燥并有弹性。同所有食物一样，注意食物的操作原则。不要把热土豆直接放在冰箱里。不要把煮好的土豆在室温下存放超过几小时。为防止切好／去皮的生土豆变色，在烹调前，把它们存放在盛满冷水的碗里。

冷"煮"土豆是完美的午餐或午间小吃。事实上，冷"煮"土豆应该占据你土豆黑客法期间的大部分食谱。最好预先准备至少5磅的冷"煮"土豆，以应对临时小食和简单午餐的需求。如果身边还有其他饥饿的同伴，多准备点，因为他们很快会发现并吃掉这些土豆。另外，后面还将用冷"煮"土豆创造几道油炸和烘焙菜肴。

蒸食

蒸土豆空口吃非常美味。这可能也是最简单的土豆烹饪方式了。如果没有蒸锅，你可以在大的平底锅里面放一个金属滤架来代替。大多数电饭锅也可以胜任。

蒸土豆，去皮或不去皮，看个人喜好。蒸10～15分钟，放几分钟，开吃。大多数食谱要求蒸20分钟，我觉得这有点长，时间短点土豆口感好，更紧实，但还请亲自试验一下。把土豆凉放过夜能使其比煮土豆更加美味。蒸食能够很大程度保留土豆的鲜脆口感。

像黄油块的土豆（作者摄影）

新土豆是各种个头小、未完全成熟（"土豆宝宝"）的土豆。众所周知，它们很难烹制，因为很容易四分五裂，特别是煮的时候。对新土豆来说，目前蒸食是最好的办法。如果吃煮土豆有困难，试着蒸食一批新土豆吧。要取得最好效果，用乒乓球大小或个头更小的土豆。新土豆可能比常规的土豆更健康，因为它们含有各种生长荷尔蒙，蒸食能够保留它们的优点。

可能没有其他烹饪方式能像蒸食这样保留营养物质和矿物质了。另外，蒸食土豆还可用于油炸、烘烤或冷食。蒸食和水煮很像，但同时吃过了水煮和蒸土豆的人都会说蒸的更好吃。

烘焙

烘焙是指用烤箱烹制土豆。我们也可称之为"烤"。烘焙赋予原味土豆美妙的风味。从人类第一次吃土豆开始，他们就用不同方法烤土豆。历史上，人们把土豆简单地放在火边，或者放在炭火堆里烤，可以热着吃，也可以凉着吃。这种方法可以把土豆烤成各种成熟度，每个土豆都各有风味，没有两个土豆吃起来味道一样。

> 人们都看到了一个全国很普遍的现象，每家每户的小孩子们都可以、也都很乐意按自己的主意在草灰里烤土豆。当你骑马路过房舍的时候，经常会看到一群孩子跑到门口，每人手里都拿着一个烤土豆。
>
> ——《农场主注册簿》，爱尔兰，1885

传统的褐色土豆是烘烤的最佳品种。尽量找个头一样的，这样能保持同样的熟度。由于温度变化很大，可以用你的烤箱多做几次试验。褐色土豆的皮很厚，这给通常吃起来无味的土豆增添了一些新风味。褐色土豆的口味并不出众，煮的时候，它们四分五裂，但烤着吃，它们真的是大放异彩啊。

• 美式风味烤土豆

- 将烤箱加热到375度。用锡纸包好土豆，放在加热好的烤箱中烤60～90分钟
- 趁热吃

从技术角度说，这种方法烹制的是蒸土豆，但我们一般称之为烤土豆。烤大批土豆很简单，锡纸包裹可以让每个土豆保存得很好。吃一个土豆就如同拆一个生日礼物。热着吃、凉着吃都可以，但可能最好的还是从烤箱里拿出来就吃。

变化：改在慢炖锅中烹制锡纸包裹的土豆。

- ### 英式烤土豆（杰克薯仔）
  - 用叉子在土豆上叉满小孔。这便于蒸汽散发，防止做成蒸土豆
  - 烤箱加热到400度
  - 把土豆直接放到烤盘上
  - 烤60~90分钟，戴上烤箱手套捏捏土豆，看是否好了，当感觉到有点软塌塌，就是好了

烤得好的杰克薯仔外皮酥脆，内里松软。美国人吃烤土豆通常蘸酸奶油、黄油或者和培根一起吃。英国人有些创新，将烤得恰到好处的杰克薯仔填满对虾、鱼、奶酪、鸡蛋、酸辣酱后作为主菜供应或者简单地加点黄油、盐和胡椒。对于土豆黑客法来说，我们要添加的配料尽量简单，从烤箱里拿出来直接吃。没吃掉的烤土豆可以放在冰箱里以后再吃。

变化：用微波炉做杰克薯仔。虽然没有那么松脆，但捏起来也还行。记得做之前用叉子叉孔，要不然一会儿就会变得乱糟糟的。

变化：把土豆切成大块，用同样的方法烘烤。结果就会得到烤箱烤出来的炸薯条，好吃极了。这就是在俄亥俄州的伊里利亚发明出来的传统jojo土豆。

变化：用柴火做。如果你用柴炉加热，或临时生起篝火，随手扔些土豆进去，用老式的方法吃土豆。从灰和土里拿出来的土豆，味道会让你大为惊叹。

- ### 爱尔兰式烤土豆
  这些菜肴你会想做一遍又一遍。给爱尔兰人一个在土豆菜肴上超过英国人的机会。选一些小一点的土豆。褐色土豆仍是最佳选择。精选爱德华王子岛（PEI）的褐色土豆做一顿难忘的大餐。
  - 烤箱预热到425度
  - 土豆削皮，在沸水里煮7分钟。当外面的1/4到1/2英寸熟了，但里面还是生的，你就知道可以了。这就是所谓的半熟
  - 把土豆放在滤网里滤干，或者在倒出锅里水的时候，用盖子挡住土豆
  - 现在就是重要的部分，你需要摇晃捧打这些土豆。把这一步留给战斗的爱尔兰民族，让他们的土豆更好吃吧，不过这个捧打的过程非常关键。把熟土豆放在空锅里面使劲摇晃，不要太温柔了。它们看起来应该像被一群喝醉的爱尔兰人践踏过一样
  - 在彻底捧打过后，把土豆放在铺有烤盘纸的饼干托盘或者烤盘上，传统的方法（记住后面会用到）是先放点鸭油或者动物油脂快速地炸，然后再烤。在高温烤箱中铺上烤盘纸会使土豆在不用油的情况下柔和地变成棕色
  - 烹饪中间翻翻土豆，使它们均匀地变色
  - 烤制约60分钟，直至全变棕色
  - 趁热吃，剩下的留着。这种方法烤制的土豆传统上直接吃，或者加点肉汁，是烤牛肉或者土耳其烤肉的最佳伴侣

变化1：用剩的全熟煮土豆代替半熟土豆。如果在高温烤箱里铺上烤盘纸的话，土豆会变得异乎寻常的美味。别烤过度了，摔打过头一点没关系。

变化2：把新鲜的、半熟的或者剩下的煮土豆切成块或者条。在烤盘纸上用同样的高温加热，中途翻一翻。

油炸

现在你一定认为我是真疯了，不过我会给你几种少油而又让你垂涎欲滴的炸土豆方法。你需要一个非常好的不粘锅。我不推荐特氟龙（Teflon），但如果你用起来舒服，那就用吧。我更喜欢陶瓷的不粘锅或者其他新型的非特氟龙类型不粘锅。找那种标有"不含PTFE（聚四氟乙烯），不含PFOA（全氟辛酸铵）和镉"的不粘锅。甚至适当的经常用到的铸铁锅或不锈钢平底锅也行，可能效果更好呢。关键是选一口好的不粘锅，它能比你习惯用的其他设备节省更多热量。

最好的油炸品种是红土豆。它们吸热很好，不会焦，在炸锅里很柔和地变成焦黄色。回顾我炸土豆的那段日子，一天我把新切好的红土豆和白土豆混在一起，放在炸锅里几分钟后，我惊讶地发现白土豆几乎炸焦，而红土豆却仍保持着亮白色。

• 薯饼

薯饼就是把土豆切碎、切丝、切丁、切粒后油炸，通常用的是非常差的油。这些是小饭馆晚餐和遍布美国的快餐车的主打菜。我过去非常喜爱流行的早餐厅Denny's和IHOP的薯饼，现在它们吃起来就像吸满韦森油（Wesson）的海绵。诚然，最好的薯饼是用培根油脂、黄油或者椰子油炸制的，有人对土豆黑客法提及这些油脂感到很苦恼，但如果锅选对了，就不用油。无油薯饼将会给你带来全新的认识：原来土豆这么好吃。

- 首先，把一些生土豆切碎。可用便宜的箱式破碎器，切碎土豆专用的，或者是食物料理机。尽量把土豆切成不同大小形状的碎块，每种切碎方法做出来的多少有些不同，你可以开发出最喜欢的那种。我喜欢切成厚块的土豆

- 中火预热锅，锅千万不要太热，不然会烧焦土豆，搞砸这道菜。土豆放入锅并盖上盖子约10分钟。你能听到一些咝咝声，但不会闻到烧焦的土豆味。快速翻锅重复以上步骤。翻锅后，稍稍加温。继续盖上盖。5、6分钟后，用铲子查看土豆是否好了。你应该像翻薄煎饼那样翻薯饼，但如果太多的话，就随便翻好了

- 当薯饼两面都是漂亮的焦黄色而中间绵软时，就做好了。放到盘子上，祝你胃口好。如果我不是这么执著于土豆黑客法的话，我会悄悄地加点儿盐、胡椒和醋（嘘，你没听到我说什么！）

　　变化1：烤薯饼。在烤盘上铺上烤盘纸，放一堆薯饼碎在上面，400～450度烘烤20～30分钟。

　　变化2：扭扭薯条！ 这些非常新奇的薯条将使你联想到乡村集市和马戏团。你需要一个扭扭薯条切割器，亚马逊上有卖，名字是"土豆龙卷风（Tater Twisters）"或"螺旋切片器（Spiral Slicers）"。用你能找到的有用的器具简单切土豆，放在炸锅里，烹调方式像做薯饼一样。

• 家常薯条

　　我记得我第一次离开俄亥俄州的经历。服务员问我"薯饼还是家常薯条？"我知道薯饼是什么，见鬼，我甚至知道jojo土豆是什么，但从没听说过家常薯条。家常薯条，原来就是像做薯饼那样做土豆块。现在这是我最喜欢的土豆做法之一。用刀可以切块，但切成足够小的块很费时。直接购买袋装的冷冻家常薯条可能是最简单的方法了。但我还是倾向于手工切。

　　当你切好几个生土豆（或者偷偷用现成的冷冻薯条），按做薯饼的方法那样做。如果是非常新鲜的土豆，土豆块会粘在一起，因为淀粉凝结，你可以把它们做成一整片。冷冻薯块做起来总是倾向于一个一个的，更像是煸炒。这种方式用无油不粘锅做出来都是非常完美的。为了心向往之的美味，开工吧。

　　变化1：家常烤薯条。在400～450度的烤箱里，放在烤箱纸上加热20～30分钟。

　　变化2：用冷"煮"土豆代替新鲜土豆。用不粘锅做，方法和薯饼以及家常薯条一样。因为土豆已经是熟的，所以需要频繁搅拌，加热至焦黄即可。

• 土豆千层饼

　　你可以称之为"土豆片饼"。千层饼（Baklava）是一种土耳其甜品，将十几层薄如纸的油酥面皮叠在一起，一般用干果和蜂蜜点缀。众多的层次使它非常独特，我觉得就像日本武士刀上成千上万的褶皱和层次一样。是的，你可以用土豆来做（当然不加蜂蜜和干果）。

- 你需要一个不太贵的曼陀林切片机，如果以前没用过曼陀林，请再准备一些创可贴
- 用曼陀林切片机把生土豆切片，放到中火预热的炸锅中。将土豆片四散铺开，因为你要把这些薄如纸的土豆片层层叠加。你会想要10～15层
- 盖上盖子，让底层稍稍变黄，翻锅，炸另一面。稍稍升温，然后再翻锅
- 不停地翻，直到达到理想的焦黄色

　　常规的炸土豆，那种约1/4英寸厚的，不太适用于无油炸制，但你也可能成功。薄薄的土豆千层饼绝对是道美味，即使第二天凉着吃也是。

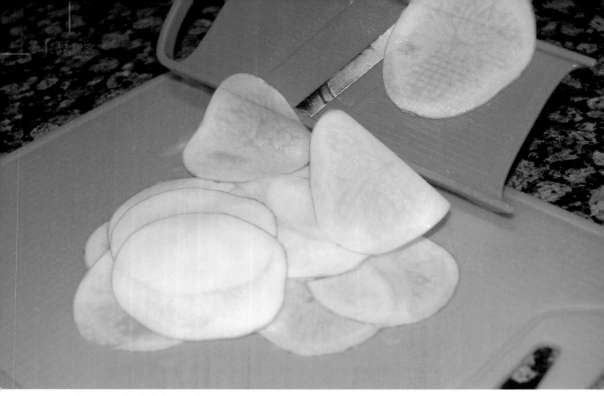

曼陀林切片（作者拍摄）

无油的土豆千层饼（作者拍摄）

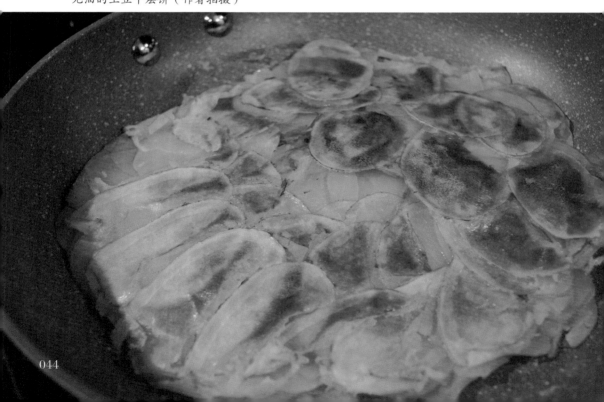

- ## 给那些"骗子"[1]的建议

  我已经给了你很多很多土豆黑客法的烹饪方法。都试一下。一旦你开始勇敢尝试各种土豆食谱，你将发现你完全可以不用油就为全家做出非常美味的土豆餐。土豆泥搭配一杯鸡汤非常美味，鸡汤和土豆淀粉能做出美味的肉汁。我必须承认，这些土豆菜肴中很多都有点干，加一些肉汁能使菜肴灵动起来，也绝对能让你将土豆黑客法坚持到底。可以肯定的是，人们在发现土豆后不久，就发明了肉汁。

- ## 土豆淀粉肉汁菜谱

  原料：

  - 两杯鸡汤
  - 1茶匙土豆淀粉
  - 盐和胡椒调味

  方法：

  1½杯鸡汤烧开。在等待烧开的时候，将土豆淀粉和½杯鸡汤混合，均匀搅拌。一旦鸡汤烧开，从火上拿开，加入已混合好的土豆淀粉快速搅拌。土豆淀粉会快速变成胶状，变成美味厚重的肉汁。可再依个人口味添加调料。

  > 英国人吃到爱尔兰风格土豆菜肴要花费很长一段时间。也就是说，用手把它们从地里刨出来，不洗就扔到锅里，开锅后，拿出来放在脏地板上，然后围坐四周，一次拿一个剥皮去灰，吃里面的瓤！
  >
  > ——《农场主注册簿》，爱尔兰，1885

---

[1] 这里指非坚定的土豆黑客法者。

土豆格言

"给我土豆就行,什么土豆都行,我就会快乐起来!"

——Dolly Parton,《纽约时报》,1992

笔记

第05章 问题解决方案

　　如果我告诉你，土豆黑客法对任何人都完全适用，那么我就和品牌减肥产品的代言人一样，是一个彻头彻尾的骗子。没有一种减肥方式是对任何人都有效的，就像没有一种药品适用于每一个人。如果减肥专家都使用与大型制药厂一样的方法，那么副作用的清单会把每个人吓得再也不想减肥了。低碳水化合物的饮食会导致脑雾、恶心、腹泻和便秘。高蛋白饮食会带来肾脏疾病、口臭，甚至癌症。没有一种饮食是完全无风险的，但也许最糟糕的"饮食"正是几乎当今"文明"世界都在使用的"西方饮食"。土豆黑客法对部分人来说，也不是没有副作用，而且有时候达不到快速减肥和改善消化的效果。本章将介绍一些常见问题的解决办法。

副作用

- 高血糖
- 低血糖
- 恶心
- 瘙痒和肿胀
- 胀气
- 增重
- 减重失败
- 饥饿

　　最常见的副作用是饥饿和减重失败。在某些情况下，土豆黑客法的副作用可能是致命的，因此我们从最危险的副作用开始介绍。

• 高血糖

　　高血糖是指在吃过含碳水化合物的一顿饭后，血糖水平上升太快的情况。最普遍的情况是，如果你是糖尿病患者，甚至是糖尿病前期患者，在阅读此书之前你就会对该问题有所了解，但对于大多数人而言，他们并不知道自身存在血糖问题。

　　如果你在一顿全土豆餐后出现以下症状，请去看医生并进行血糖测试，这可能会挽救你的生命。

- 视力模糊
- 注意力不集中
- 尿频
- 头痛
- 疲劳
- 口渴

上述这些都是高血糖的症状，即你体内的血糖水平持续高于200毫克／分升，或11毫摩尔／升。在一餐淀粉食物后，使用简易家用血糖仪测量的人体血糖正常范围是110～180毫克／分升。如果你担心自身存在血糖问题，那么可以用土豆黑客法进行测试。

糖尿病有两种类型。1型糖尿病（T1D）是指当你的胰腺不能产生胰岛素时，必须通过注射胰岛素来维持正常的血糖水平。如果你患有1型糖尿病，你不会现在才发现。另一种类型的糖尿病是2型糖尿病（T2D），是指你的胰腺产生的胰岛素过少或机体对胰岛素不再敏感。糖尿病前期是指机体具有对胰岛素的敏感性，且血糖水平还没到需要注射胰岛素或药物的程度。

我再次强调，如果你觉得自己存在血糖问题，请去看医生。但如果你只是好奇自己的血糖控制情况，那么可以使用以下的方法。首先，购买一个糖尿病患者使用的经济型家用血糖

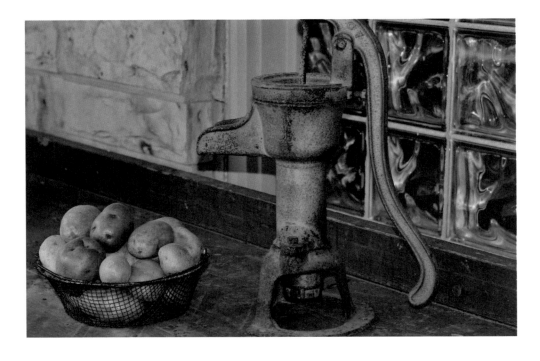

仪。它们可以无需处方在任何药店或网上商店中购买。如果血糖仪不带试纸，那么你还需要购买一些。试纸通常是25～50片一包，需要购买50片。其次，请阅读说明书学习如何使用血糖仪。多数血糖仪需要先校准，按照说明书进行操作。如果你熟悉了用采血针和读取测量数据，那么就可以正式开始操作了。

医生使用所谓的口服葡萄糖耐量试验法（OGTT）进行测试。他们给你喝含有一定剂量葡萄糖的超甜饮料。当你喝下去后，你的身体感应到糖分迅速上升，并促使胰腺产生胰岛素。胰岛素的注入使体内的细胞"打开"并吸收血液内的葡萄糖。如果你的身体无法产生足够的胰岛素，或你体内的细胞具有"胰岛素抵抗"性，那么葡萄糖会留在血液中。葡萄糖在血液内堆积对包括大脑在内的许多器官都有害。

就土豆黑客法目前的情况而言，最让人担心的群体是那些糖尿病前期的患者和晚期2型糖尿病但却不自知的患者。许多肥胖的人，但并不是大多数，具有胰岛素抵抗综合征并可能出现糖尿病前期症状。如果想自己进行口服葡萄糖耐量试验法，只需要在一天的时间内使用血糖仪进行血糖测试，但是要做到有条不紊，否则你所得到的数字是毫无意义的。首先，得到你的空腹血糖水平（FBG）作为基线。空腹血糖水平是指早上第一次醒来时的血糖水平。将几个早晨的血糖水平并排记录在一张纸或计算机表格上。正常的血糖范围是70～100毫克／分升，最好低于90毫克／分升。另外，一周内定期地在餐后的1～2个小时后测量血糖水平。正常的血糖范围是110～200毫克／分升，最好低于140毫克／分升。如果你每天早晨的空腹血糖水平都是130毫克／分升或更高，或者你的餐后血糖水平大于200毫克／分升，请不要继续测试，立刻去看医生并阅读所有该领域的资料。如果你的空腹血糖水平在正常范围内，请继续进行土豆黑客法的口服葡萄糖耐量测试。

在测试的早晨，记录下你的空腹血糖水平。在你吃第一餐前，每隔30分钟记录一次新的血糖水平。在第一餐时，吃掉1磅左右的纯土豆，尤其是千万不要在土豆中放醋，因为这会影响餐后的血糖水平。在餐后的3个小时中，每隔15分钟记录一次血糖水平。在接下来的2个小时中，如果血糖水平保持稳定，那么每隔30分钟记录一次血糖水平。你将看到表1所示的记录表。

表1　血糖水平记录表

时间	血糖水平（毫克／分升）
7:00（空腹血糖水平）	85
7:30	80
8:00	76
8:30（吃土豆）	100
8:45	120
9:00	125

时间	血糖水平（毫克／分升）
9:15	140
9:30	135
9:45	135
10:00	120
10:15	105
10:30	90
10:45	83
11:00	70
11:15	75
11:30	70
12:00	70
12:30	66
13:00（停止测试）	64

　　根据表格记录的测试结果，你就会明白为什么如果每隔1～2个小时才记录一次血糖水平的结果会存在误导性。在这个完全正常的血糖曲线例子中，我们看到血糖的峰值发生在9:15，即餐后45分钟。然后随着土豆中的葡萄糖进入肌肉和器官的细胞中后，血糖水平稳步下降。一般而言，最低值出现在午餐前，有时也被称为"血糖骤降"。这正好能够解释当你有时感到困倦和昏昏欲睡时，你就知道自己需要补充点儿食物了。正常而健康的身体对血糖的严格控制程度令人惊讶，但是可能也会出现差错，如表2所示。

表2　不正常的血糖水平记录表

时间	血糖水平（毫克／分升）
7:00（空腹血糖水平）	128
7:30	120
8:00	120
8:30（吃土豆）	120
8:45	140
9:00	155
9:15	180
9:30	220
9:45	267
10:00	300

续表

时间	血糖水平（毫克 / 分升）
10:15	345
10:30	415
10:45	415
11:00	400
11:15	400
11:30	376
12:00	350
12:30	350
13:00（停止测试）	325

　　如果你的血糖水平记录是上述这样，那么，很遗憾地告诉你，你患有2型糖尿病。在这种情况下，你的空腹血糖水平表示你几乎是糖尿病前期患者，但土豆黑客法的口服葡萄糖耐量试验结果表明你是完全的2型糖尿病患者。立刻去看医生！给医生看你的血糖测试记录，并学会如何医治新诊断出的疾病。这种疾病不能忽视。2型糖尿病有时可以通过饮食进行控制，但也可能需要药物治疗。

　　我最关注的是那些长期食用低碳水化合物或生酮饮食人们的血糖控制问题。这类饮食可能会掩盖隐藏的血糖问题，或可能诱发生理胰岛素抵抗。生理胰岛素抵抗是指当你不再摄入碳水化合物的饮食时，你的身体就会失去食用这类饮食时所具有的控制能力。生理胰岛素抵抗问题经常出现在低碳水化合物饮食圈，因此最明智的做法是食用比平常多一点儿的高碳水化合物来扭转这一问题。在任何情况下，你的血糖仪和试纸都会帮助你确定生理胰岛素抵抗的严重程度。

- **低血糖**

　　低血糖与糖尿病人的高血糖正好相反。一般来说，低血糖会发生在正在接受治疗的糖尿病患者的身上，但是一个正常而健康的人在食用高碳水化合物的一餐后，也会出现低血糖的症状。低血糖的相关症状包括：

- 心悸
- 乏力
- 面色苍白
- 颤抖
- 焦虑
- 出汗
- 饥饿

- 易怒
- 嘴部感觉麻痹
- 睡觉时大喊大叫

如果你在尝试土豆黑客法后出现上述症状，请立刻去看医生。除非你早已知道自身有这些症状。可能发生的情况是，在尝试土豆黑客法时，由于人们习惯了经常吃太多，从来没有看到过血糖记录仪上正常的血糖下降。这种情况被称为反应性或餐后低血糖，而且当你第一次出现这种情况时可能会吓一跳。一般来说，反应性低血糖只会导致轻度头痛或眩晕。如果使用血糖仪测试血糖水平，你会发现血糖水平仅为50～60毫克／分升。但如果吃一个土豆，血糖水平就会立刻回升。

土豆黑客法能提高胰岛素敏感性。对于胰岛素敏感性较低的人来说，血糖水平可能在短短一天之内就得到大幅改善。许多尝试土豆黑客法的人们表示，他们的空腹血糖水平在一天内已经从糖尿病前期恢复至正常水平，而且即使停止土豆黑客法，他们的餐后血糖水平也大幅下降。胰岛素敏感性是新陈代谢健康的重要法宝。土豆黑客法可以帮助大多数人提高胰岛素敏感性，但是对于那些血糖控制严重受损的人来说，通过土豆黑客法可以及早发现一些致命问题。

• 恶心

偶尔有人表示在吃过一顿土豆餐后会突然感觉恶心，这种情况可能在暴饮暴食后出现，也可能突然出现。在我减肥"生涯"早期的时候，我了解到椰子油非常健康而且能够快速减肥，于是有人建议我每天吃几勺椰子油。我第一次尝试的时候，立刻感觉恶心而且快吐了。我立刻去谷歌医生上搜索，发现恶心是食用椰子油后的一种常见副作用，但是并没有对此的解释。

我有一个理论。肠道受损的人们，如患有肠易激综合征、小肠细菌过度生长或"肠漏症"，会对某些食物非常敏感。但是，在节食圈内却很少听说吃土豆会让人感到恶心。如果土豆经常会让人感到恶心，那么麦当劳怎么可能每天卖掉数十亿订单的薯条？如果一个人的肠道黏膜受损，某些食物的摄取会导致产生恶心的感觉，并经常伴随腹泻或呕吐，就好像吃了腐烂食品一样。

我们的身体拥有一套可以排出任何有害食物的良好系统。结肠可以迅速用水进行自我冲洗而产生爆炸性的腹泻。肠道受损的人和其他人相比，对更多的食物敏感。通常健康的食物，如椰子油，可能使肠道受损的人感到非常反胃。土豆中含有一种叫做"外源凝集素"的化合物。通常这些外源凝集素会被胃酸和消化酶分解。如果一个人常年挑食或患病，他的消化系统就不会特别好，那么外源凝集素在进入结肠之前就不会被分解，从而导致恶心。

如果你的消化系统较为敏感，经常烧心、恶心、消化不良、心烦、胃痛或腹泻，又叫做"现代消化不良肠道"，那么在尝试土豆黑客法时也出现这些症状就不需要惊讶了。有意思

的是，我们可以在土豆黑客法中找到解决办法。上述症状的出现可能是由日常饮食导致的。很多时候，人们只吃自己能够吃得下去的食物，从而导致对越来越多的食物过敏。最好的解决办法是饮食多样化，直到可以吃越来越多的食物而没有不良反应。土豆黑客法是一种强化肠道消化能力的饮食方法。也许那些肠道消化不良的人们可以间歇性地尝试土豆黑客法，直到肠道功能增强。

另一方面，在一餐全土豆饮食后感到恶心可能有完全不同的意义。土豆属于食物。食物可能"变坏"。煮熟的土豆在常温下过夜很容易发霉或滋生细菌。一旦食入，这些土豆会引发食物中毒。食物中毒的轻微症状就是恶心。略微严重的情况是腹泻和呕吐。多数情况下，食物中毒可以通过自身进行调节而不需要医疗干预措施。如果你的症状由恶心转变成呕吐和腹泻，全身虚弱和脱水，就应该立刻去看医生。

从本质上来说，恶心可能由以下两个原因引起：

- 正常的土豆和异常的肠道
- 异常的土豆和正常的肠道

• 瘙痒和肿胀

瘙痒和肿胀是食物过敏的典型症状。由于土豆是我们日常生活中常见的食物，因此当我听说有人在尝试土豆黑客法后出现土豆过敏症状时，我感到非常吃惊。但如果是没有处理过生土豆的人出现过敏反应，我不会觉得惊讶。

在土豆的皮和芽中可以发现最令人不安的化合物（如龙葵素）。商店中出售的土豆对龙葵素的含量有规定。清洗、去皮、切块等一系列土豆处理步骤很少会产生过敏反应。自己种植的祖传品种或从农贸市场购买的土豆则可能有致命含量的龙葵素。虽然罕见、几乎闻所未闻，但土豆确实可能产生大量龙葵素。当对这样的土豆进行去皮处理时，如果皮肤沾上土豆汁，则易产生皮肤瘙痒和红肿等过敏现象。

如果你在处理土豆时出现瘙痒和肿胀症状，最好把这个土豆（或这批土豆）都扔到垃圾桶里。如果你在吃土豆后出现全身性瘙痒、荨麻疹或肿胀症状，你最好去看过敏症专科医生来排除土豆过敏的可能。

• 胀气

土豆可能会让你放屁。如果多数食物都会让你放屁，那么毋庸置疑，土豆也会。放屁并不是被诋毁或被嘲笑的原因。任何人如果食用含有大量发酵纤维的肉或青菜类饮食，都会产生气体。产生少量气体或间歇性地产生窒息性气体的饮食，并不被肠道微生物菌群所喜爱。人们不会因为打喷嚏而感到难堪或受到责备，同样，对于放屁我们也应该如此。

如果你在一顿土豆餐后不停地放屁，这并不是土豆的错，而是你的错。你的饮食中很可能缺少纤维，特别是发酵的、益生元纤维。土豆是纤维的一个特殊来源。对土豆的气体产生能力感到羞耻则是对土豆和你的肠道的伤害。

如果你不能放屁，那么用一个渐进的方法代替。尝试土豆黑客法中的一个花样（见第二章），如隔日吃土豆法或白天吃土豆法。从一天吃一点土豆慢慢变成全天吃土豆。这正是用土豆黑客法本身来解决其副作用的最佳例子。

• 增重

在本书中，我用"增重"和"减重"这两个词来表示"增脂和减脂"。土豆黑客法最主要的效果就是减脂。但是，由于很难测量实际减少的脂肪量，所以我们用体重的变化来衡量脂肪的变化。这可能会产生一些误导。你可能在增重的同时脂肪减少，也可能在减重的同时脂肪增加。下面我来解释一下原因。

大多数人认为我们身体60%的重量都是水分。一个140磅的人，身体大约含有84磅的水分。通过食物和饮料，我们每天摄取额外的3～5磅水分。大部分的水分通过尿液和汗液被排出体外，但是仍有部分水分留在身体里。女士们都知道经期时发生的事情，一般来说，月经前女士的体重都会增加3～7磅，这就是激素水平变化导致的体内水潴留。任何人在任何时候可能因为类似的原因而导致水潴留。

我所描述的水潴留和"慢性水潴留"不同，后者是由肾脏功能不好或慢性荷尔蒙失衡导致的。尝试土豆黑客法的人经常会在第二天就向我歇斯底里地抱怨，他们一夜之间体重增加了2、3或4磅。这对一个想通过土豆黑客法一夜之间减重5磅的人来说，简直就是欺骗。但是，不要害怕，这种一夜之间增加的体重并不是脂肪，也不可能是。如果你前一天只摄入1400或更少的卡路里，然后体重增加，那么这些增加的体重只是水分而已。

　　许多向我抱怨体重增加的都是女士。如果女士没有每天称体重的习惯，那么她们往往会对一周或一段时间内体重的大幅波动而感到惊讶。但是，如果男士吃太多的盐，锻炼过多或仅仅陪在将要进入经期的女士身边，那么他的体重也会出现波动。

　　土豆黑客法天生就是消炎药。土豆内含有几种抗炎化合物，可以减轻人体隐藏的慢性炎症。一旦这种慢性炎症被减轻，土豆黑客法就真正发挥作用了。有些人可能患有炎症性疾病，如关节炎或花粉症，而土豆黑客法能够有效减轻这类炎症，但是也有一些土豆黑客法无法发挥作用的炎症。

　　对于尝试土豆黑客法后体重增加的人，我的建议是：

- 在第一次体重增加时停止土豆黑客法，回归正常饮食
- 忽视体重增加，继续坚持土豆黑客法
- 暂时忽视体重增加，2天后重新测量体重

　　不要因为土豆黑客法的尝试失败感到羞愧。正如我前面所说的，没有一个放之四海皆准的减肥方法。很多情况下，尝试土豆黑客法后出现的体重下降并不是线性的。这正是我们接下来要介绍的副作用。

· 减重失败

　　和体重增加一样令人沮丧的是体重降不下来。我曾承诺通过土豆黑客法每天平均减重0.5～1磅，但是在第三天却发现体重仍然保持不变。是我欺骗了你吗？

　　我曾经和数百个尝试短期和长期土豆黑客法的人交流过。我可以毫不犹豫地说，长期的结果是每天平均减重0.5～1磅，但是体重并不是线性下降的。当尝试土豆黑客法时，人们喜欢记录每天的体重，但是如果你谷歌搜索"土豆黑客法结果"就会明白我的意思了。多数情况下，体重结果如下所示：

起始重量208磅

- 第一天—208
- 第二天—209
- 第三天—206
- 第四天—205
- 第五天—205

　　上述结果表明5天减少的总重量是3磅，更能表明尝试土豆黑客法的人的减脂速度是未知的。如果208磅是实际有效的起始体重，而205磅是实际有效的终止体重，那么5天内减重3磅是一个合适的结果，而且很可能这些重量都真正来自于体内脂肪。但是，根据一天或一月中称重时间的不同，甚至是前一天食物摄取量的不同，都会导致起始体重就开始出现误差。许多结束土豆黑客法的人在回归正常饮食的一周内，体重仍然会减少2～3磅。事实上，这种情况正如预期一样经常出现。

对于采用土豆黑客法中"爆脂"方法的人来说，5天内减重3磅会让他们欣喜若狂，很有可能继续尝试。对于想减重100磅的人来说，通过吃土豆很可能达不到他们想要的效果。从流行的健身杂志的标题来看，承诺"10天减重10磅"，或"1个月减重20磅"的减肥方法才是好的。但是这些减肥方法都是炒作。10天内平均每天减重的1磅都是水分，而且你的体重很快会反弹。

减肥最好的方法是循序渐进。每周平均减重3～5磅是一个合适的减重范围。土豆黑客法非常适合这种类型的减肥。对于想要减掉10磅以上重量的人，只需要每周随机测量体重。最终你会慢慢发现一些规律，接着日体重的低峰值逐渐变成高峰值，不久之后你会发现体重减少到了很久以来都没有见过的数字。我清楚地记得在我减肥的时候，我的体重达到了大约10年都没见过的190磅，15年都没见过的180磅，和几乎20年都没见过的170磅。土豆减肥不仅实现了我减重到170磅的目标，而且在减肥结束后体重还多减少了10磅，这是我25年来的最轻体重。

另一方面，如果你看过1840年的监狱膳食试验，你会发现多数囚犯在每天吃掉6磅土豆后体重会增加。很可能这些可怜的囚犯经常挨饿、营养不良，而土豆餐比他们之前吃过的东西都要好吃。但是事实上，他们在吃土豆后都出现体重上升现象。你也可能出现同样的情况！并不是每一个人在一天内吃掉3～5磅的土豆后体重都会增加，但确实有这样的情况存在。如果你个子较矮，一般每天摄入1 200卡路里，那么当你开始每天吃掉含有1 500卡路里的土豆时，你就会惊讶地发现自己体重增加了。

土豆黑客法能够检验你减肥的意志是否足够坚定。你会发现加工类食品对你的吸引力与日俱增，但你却只能选择放弃。如果通过土豆黑客法体重仍无法下降，请问问自己：

- 你是否给了土豆黑客法充足的时间？
- 你是否真正做到土豆节食，或是做了一些改变？
- 你是否因为太爱吃土豆而吃得过量了？

减重失败可能是你永远不再去尝试土豆黑客法的原因之一。只要你认真尝试过了，即使失败也不要遗憾。

• 饥饿

土豆黑客法实现了和绒毛膜促性腺激素减肥法（HCG）一样的饱腹感，但是通过谷歌搜索"HCG减肥和饥饿"，你会发现一个反复出现的主题，即使用HCG减肥法的人也会感到饥饿。请注意，在我所列的副作用名单中，饥饿位于最后。有饥饿感是好的，这意味着你的身体还很活跃。2016年的西方人一般都不知道什么是饥饿了。用土豆黑客法来认识下饥饿吧。

如果你愿意的话，我们来做一个"饥饿游戏"。告诉自己"在多少天内，我除了土豆什么都不吃"。然后看看你能坚持多久。大多数人可以轻松地坚持3～5天。坚持1～2天可以轻轻松松搞定。但是，坚持7～14天却是非常困难的。我可以保证，我坚持了14天。

孔子有一个理论叫做"腹八分"，意思是吃饭只吃八分饱。许多科学家对"腹八分"理论进行了研究，认为该理论的确能够使人保持苗条身材。热量摄入限制，饥饿激素，胃部拉伸信号和其他土豆黑客法的核心原则都来自于该理论。

对于尝试土豆黑客法时经常感到饥饿的人们，我的建议是：

- "腹八分"理论
- 饥饿游戏
- 停止土豆黑客法

通过土豆黑客法认识饥饿后，你会喜欢上它。我们身体可以产生许多奇怪的但我们已能控制的自动信号，饥饿感正是其中之一。你的身体说"我饿了"，但你并不真的需要吃东西。

· 结论

不是每个尝试土豆黑客法的人都会成功。如果你认真尝试后失败了，不要气馁。也许你的身体是想告诉你一些事情，比如你的饮食中是否需要更多的纤维？近几年，你是否有不良的饮食习惯？虽然吃土豆不是件辛苦的事情，但是短时间内彻底理解什么是炒作，什么是好的建议也是不可能的。如果你想要大幅减肥，首先要放弃含有糖、油和小麦的加工食品。但不要用号称更健康的无麸质、低脂肪和无糖的产品来替代上述加工食品，而是要用真正的食物，如苹果、香蕉和蜂蜜来代替。我的许多朋友把它称为"SOW"减肥法（糖、油和小麦三个英文单词的首字母缩写）。

土豆格言

土豆因为容易导致腹胀而饱受非难，但对于从事重体力劳动的农民和工人来说，腹胀又能算什么？

——德尼·狄德罗（1713—1784），
L'ENCYCLOPEDIE（1751—1772）

笔记

关于土豆的一切

第06章 土豆：好的、坏的和丑的

每当我开始谈论土豆黑客法时，总有人举手问"我可以用香蕉代替土豆吗？""用西兰花或者豆类怎么样？"

通常，我试图给出一个礼貌的答案，指出这种饮食并没有历史渊源，但它可能正好有效。当然，它就不再是土豆黑客法，而是其他什么方法了。我于是推荐他们去查证一些历史资料，并花费几年去实验。我相信一定会有能发挥相似作用的食物，但我暂时还没有找到它。我曾经尝试过持续一周的只食用豆子，但效果不太好。

我很同情那些不能吃土豆的人。这和那些能吃但不吃的人是有区别的。土豆是茄属植物家族中的一员，一些人对土豆过敏（同时也对辣椒、西红柿和茄子过敏）。但与花生过敏人群痛苦地忍受"没有花生的生活"相比，土豆黑客法给茄属植物过敏的人带来的痛苦要小得多。

说到不吃土豆的人，他们确信土豆就是一种能导致肥胖和新陈代谢综合征的简单碳水化合物。Paleo Diet®❶的专家罗兰·柯戴对土豆有以下评价："实际上，吃土豆跟吃纯糖很像，这些含淀粉的块茎对我们的血糖水平的影响更糟。"数以百万计的人们听从了这样的评价以及土豆对我们有一些坏处的类似警告。我本人曾因沉湎于柯立芝（Koolaid）的"碳水化合物是恶魔"的论调，在近两年的时间里停止了吃土豆。

低碳水化合物饮食已流行起来，不幸的是，碳水化合物的典型代表就是土豆。当然，对全球的低碳饮食者来说，这是个挑战。花3天时间试试土豆黑客法。这可能改变你的生活！当我尝试一款低碳饮食时，优先选择的食物是豆类、大米和土豆。这些食物很容易被定义成碳水化合物，彻底避免吃它们貌似是个好主意。但是从"全营养食物"的角度来看，豆类、大米和土豆拥有一切。相信我，豆类、大米和土豆不是我们的敌人。

为什么是土豆？

不管你是否相信，我选择土豆不是毫无依据的。这是一个漫长的过程。我先是读到了华盛顿州土豆董事会总裁克瑞斯·沃吉特的言论，他当时正推动一个土豆的公众运动。沃吉特博士连续吃了60天的土豆。所有的新闻媒体都报道了他的故事，很多文章记述了他的经历（更多详情见第七章标志性人物）。后来，一位朋友转交给我1849年登载于《水疗》期刊上

---

❶ 旧石器时代饮疗法，是一个食疗注册商标。

的名为《土豆减肥》的文章。带着这些见闻，我用谷歌搜索了"土豆减肥"，但仅仅找到一些讨论土豆减肥可能性的疯狂博客，除了一些为数不多的晦涩难懂的参考资料外，我在土豆黑客法的探寻之路上独自前行。

当我开始搜寻学术性研究期刊时，我发现了太多关于分析土豆独特营养价值的研究。我用了三年的时间去研究土豆和它的神奇之处。我说服了上百人参加纯土豆饮食试验，基于他们的实践经历，我总结了土豆黑客法。这些年里，人们已经尝试了很多其他食物或组合来实现快速减肥，尽管已经有一些取得了成功，但最终还是土豆回到了舞台的中央。

抗性淀粉

在最初创立土豆黑客法时，我研究了抗性淀粉（RS）。抗性淀粉是一种特殊类型的淀粉，它存在于一些富含淀粉的食物中，如玉米、大豆和香蕉中。土豆较其他作物抗性淀粉含量高。抗性淀粉有很多妙用，这个我稍后会讨论到。当我研究抗性淀粉时，我开始对生长在我们身体内和表面上的细菌和真菌感兴趣。

我确信有其他全营养食品可作为减肥的选择。在我的清单中位于前列的是燕麦、山药、油莎豆和玉米。所有这些食物，尤其是土豆，很容易种植并且能储藏很长时间。讽刺的是，土豆是最晚被人类发现的食物之一，是人类400万年前迁出非洲时发现的。甚至可以说早期人类踏遍万水千山只为寻找像土豆这样的完美食物，最终他们找到了。

钾和钠

当我们的饮食充满快餐、加工食品和零食时，钾和钠的平衡几乎普遍地向钠倾斜。这种不利的平衡因导致高血压和心脏病而受到诟病。减少盐的摄入是创造更好比率的途径之一，增加钾的摄入是另一种方法。问题在于在标准美国饮食中富含钠的食物处处可见，而要找到富含钾的食物就没那么容易了。在土豆黑客法中这个比率会是什么样呢？

美国农业部设定的钾的推荐每日限量（RDA）是4 000毫升／天。3磅土豆含有约6 000毫升钾。这代表一天吃3磅土豆的钾摄入量将比推荐量高出1/3。这个RDA是建议摄入量，不是安全上限。钠的RDA不超过2 300毫升。跟钾完全不同的是，这是安全上限。这表明我们需要更多的钾和更少的钠（表1）。

表1 营养物推荐量和实际量

营养物	推荐量	实际量
钠	少于2 300毫克	多于3 300毫克
钾	多于4 500毫克	少于2 600毫克

实际上，调查表明仅有5%的人群吸收了足够的钾，13%的人群摄入了低于RDA的钠。

从真正的食物中超量摄入钾的危险性很小。钾补品和作为盐替代品的钾似乎是最常见的钾超量摄入的原因。用谷歌就能很容易搜索到过量钾带来的危害。这种状况叫做高钾血，常发生在肾功能不好的人身上。虽然不是因为吃了富含钾的食物引起的，有高钾血的人们还是被告诫尽量避免吃富含钾的食物，像土豆、西红柿、柑橘和香蕉。引发高钾血最有可能的原因是服用某些药物的反应（ACE抑制剂或NSAIDs）或某些严重疾病导致（如爱迪生氏病）。

- ## 进行土豆黑客法时的钾钠比率

进行土豆黑客法时的钾钠比率是多少呢？很难回答。到处都有卡路里和营养计算器。有的计算器显示吃3～4磅土豆会导致高钠，其他计算器显示会导致高钾。这是因为一些营养计算方法是考虑了人们怎样正常吃某种食品计算出来的，如去皮、重盐等。其他一些计算方法仅仅基于食物本身的营养含量，具体见表2。

表2 不同计算方法的不同结果

数据来源	钠	钾
CalorieKing	145毫克（6%）	9 979毫克（212%）
FitDay	4 609毫克（200%）	5 752毫克（122%）
NutritionDate	175毫克（8%）	9 600毫克（204%）
美国农业部	1 068毫克（46%）	3 960毫克（78%）

一个普遍的共识是土豆含钠量低而含钾量高，正好是"合适的平衡"。就实际情况而

言，没有哪种蔬菜会在任何数量上造成钾含量超标的危险。如果你有肾脏的问题或者医疗问题导致了钾超标（高钾血），或你觉得可能会遇到这种情况，请在尝试土豆黑客法前咨询你的医生。

钾和钠这两种关键的营养元素在土豆黑客法中扮演了重要角色。我相信在进行土豆黑客法时，对大多数人们来说，他们在生活中第一次实现了营养需求的完美平衡。成年累月只吃土豆很容易导致某些类型的不平衡。因此很多聪明人说为了安全起见，让我们每次保持土豆黑客法3~5天，其余时间就享用良好平衡的饮食吧。

字母汤

土豆包含了大量的食物营养表上不显示的微量元素和化学物质。它们也影响着身体上分布广泛的受体。当研究者开始讨论这些植物抗毒素、类固醇、受体和蛋白质时，我们通常看到的是茫然和困惑的目光以及迟疑的脚步。我们会在研究章节深入讨论这些，但是如果你想跳过，就先看看这些摘要吧。

在土豆里面我们找到了犬尿喹啉酸（KYNA），它具有消炎和神经保护功能。一旦进入肠道，微生物将把土豆转化为能给免疫系统提供能量的短链脂肪酸（SCFA）。人类有一些提示饱腹感的自动系统。有种激素叫胆囊收缩素（CCK），能够刺激胆汁分泌和抑制饥饿。

与土豆相互作用的激素和酶还有NYP、FFAR、POMV、CART、PYY、GLP-1等。

肚子已经饱饱的信号胜过所有其他信号。我们现代过盛的美味、高热量的食物有可能降低了饥饿激素中"字母汤"❶的工作效力。在吃了一顿2磅的土豆后，你就应该吃饱了。因此，从这个意义上来说，土豆黑客法绕开了对饥饿激素正常功能的需要，甚至帮助它们重新恢复。

要学习所有这些字母汤的首字母略缩词的意思，请见研究章节。

饱腹感

饱腹感指的是你吃过东西之后感觉饱的程度。当你了解了食物的饱腹水平后，有关吃过中式外卖后立刻感觉饥饿的笑话对你来说可能就没那么牵强和难以理解了。研究者们一直探寻，是什么食物让我们感觉饱，又是什么让我们想吃更多。"超级快餐（Big Snacks）"，美味垃圾食品的制造者，花费了很多金钱，不遗余力地将那些吃了还想吃的东西卖给我们。

然而，土豆被认为是一种"饱腹感极强"的食物。1995年浩特等人测试了这个假设，并将结果写成论文出版，名叫《常见食物的饱腹指数》。他们给志愿者吃几十种常见的食物，然后以吃白面包时的饱腹感为参照，比较志愿者感觉饱的程度。土豆无疑是大冠军，但不是任何土豆都行！薯条和薯片得分低于绝大多数食物，但是经简单水煮的白土豆在饱腹感上远远胜过其他所有食物（图1）。

---

❶ 作者将以上激素名称的英文字母缩写比作"字母汤"。

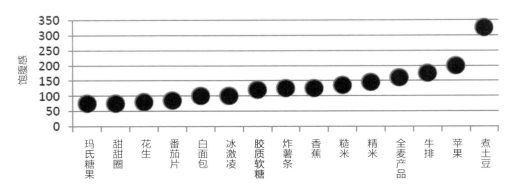

图1 饱腹感得分

数据来源：Holt等，1995。

营养数据

土豆是营养非常丰富的食物，烹调方法也有很多种。土豆无疑是造成全球肥胖流行症的罪魁祸首之一。当被制成薯条、薯片和炸土豆泥时，它就不再是健康食物，而成了垃圾食品。土豆油炸时会吸收大量的油。美国人吃的几乎所有土豆都是高盐分并且添加了防腐剂、色素、调料的小吃或者快餐。根据美国农业部统计，土豆占美国所有蔬菜摄入量的30%，但只有9%是鲜食的。

作为一种单独的食物，土豆是非常有营养的。一个中等大小的土豆可提供每日所需维生素C的45%，还有比菠菜、香蕉和西兰花更多的钾。从一个中等土豆中可以吸收到身体所需维生素B6的10%。土豆几乎不含脂肪，也不含胆固醇。除了很多维生素和矿物质以外，土豆还含有许多不同的蛋白质。事实上，相同的蛋白质出现在最好的牛排上。一些官方报告认为，在所有超市水果或蔬菜中，土豆拥有的营养性价比最高。

世界所有知识的源头——维基百科，将土豆比作营养发电机：

> "土豆富含维生素和矿物质，还有各式各样的植物化学物质，如类胡萝卜素和天然苯酚。绿原酸占到了土豆块茎中天然苯酚的90%。土豆还包含四氧咖啡酰奎宁酸（隐绿原酸），五氧咖啡酰奎宁酸（新绿原酸），3,4-二咖啡酰奎宁酸和3,5-二咖啡酰奎宁酸。中等大小（150克）带皮土豆能提供27毫克维生素C（占到每日所需的45%）、620毫克钾（占到每日所需的18%）、0.2毫克维生素B6（占到每日所需的10%）和微量的维生素B_1、维生素B_2、叶酸、烟酸、镁、磷、铁和锌。"

——维基百科，2015

记住这些事实和数字代表的都只是一个中等大小的土豆。在土豆黑客法期间，我们会在一天内吃掉10个或更多的中等土豆！如果你需要一个参照物，中等土豆跟一个网球差不多大。下次你去超市的时候，在农产品区转转，试着称不同大小的土豆，感受一下它们的重量。这些中等大小的土豆一般来说1磅有3个。一个非常大的土豆可能会超过1磅重，但是有的竟然能超过5磅！

在只吃土豆的那天，吃下去4磅土豆，营养数据就发生了显著的变化。我曾经摆弄过营养计算器，在土豆黑客法那天，大多数人都会比以前吃得更健康。我们对加工食品及其人工香料、色素的口味感知常随着矿物质和维生素而强化。这种强化彻底颠覆了我们的营养摄入，给我们补充了非天然的维生素和矿物质。一些关键营养物的每日推荐限量百分比见图2。

就像你看到的，一个中等土豆的营养数据不像一整天进行土豆黑客法后我们看到的那样。热量归热量，即使是一块牛脊肉排也不如土豆的营养均衡。许多人认为素食不能提供足够的蛋白质。虽然我同意我们饮食中需要优质蛋白质，但是它是否一定要从肉类中来呢？让我们来看土豆的蛋白质含量。

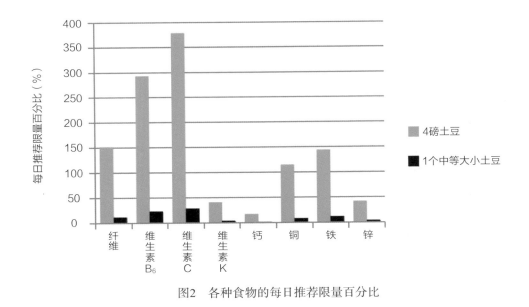

图2　各种食物的每日推荐限量百分比

土豆的蛋白质力量

蛋白质由氨基酸组成。出于健康的目的，我们必须从饮食中获取九种必需的氨基酸。这些必需的氨基酸是：组氨酸、异亮氨酸、亮氨酸、赖氨酸、蛋氨酸、苯丙氨酸、苏氨酸、色氨酸和缬氨酸。

请注意所有九种必需氨基酸的存在。除此之外，还有九种氨基酸。这才是完整的氨基酸数目。事实上，土豆中蛋白质的质量比某些肉类和肉制品中的要好。一顿全土豆餐不会使你缺乏任何必需的氨基酸，而且事实上有可能优质蛋白的摄入会高于你惯常的饮食。

用"克计数器"算得，4磅土豆包含1 400卡路里、37克蛋白质。这比我们政府推荐的40～60克略少，但已经足以让你度过一天。

无论按重量还是热量，当我们关注推荐的每日限量时，土豆都是一台营养发电机，但是就像你将要学习到的，土豆中的营养素甚至超过了政府每日推荐量。土豆含有的秘密现在揭晓了吧。

转基因情况

土豆一般很少受到虫害和冻害的毁灭，这两者也是促使生物实验室生产转基因玉米、大豆和其他商业化作物的原因。然而，土豆也不能免于科学家对它的改良。

现在的超市和农贸市场里没有转基因土豆。目前很少几种转基因土豆品种生产主要用于

工业淀粉和化学生产。然而情况在快速变化。如果你拒绝吃转基因食品，那就选择有机土豆或者自己栽种。白宫最近的一项决定规定，转基因食品不必用标签标明，另一方面，有机食品不能来自转基因种子。因此，要避免转基因食品，请买有机的。

　　作为生物技术专业人员，我应该对转基因食品有自己的观点。但是我很矛盾。科学家说吃转基因食品没有问题，但是我也知道他们并没有经过彻底的测试。当下，在美国要想避免转基因食品几乎不可能。当你吃到任何带包装的食品时，你都是在吃转基因食品。

茄碱、卡茄碱和茄属植物敏感症

　　吃土豆的叶子、藤、芽和绿斑可能致命。在进化过程中，土豆很早就知道昆虫和动物都喜欢它们可口的地下果实。在几千年中，土豆改进了保护自己的方法。土豆属于茄科家族植物。说到茄属植物，这个家族的其他成员包括西红柿、辣椒（辣的和甜的）、茄子、甘椒树、粘果酸浆和烟草。茄属植物敏感症是指对茄科植物内含的蛋白质或生物碱过敏的症状。

配糖生物碱？

　　这些天然植物类固醇技术上称作"配糖生物碱α-茄碱和α-卡茄碱"，它们确实带来了麻烦。茄碱和卡茄碱的测试可能会吓得我们不敢吃茄属植物。

> "乙酰胆碱酯酶抑制剂（常缩写为AChEI）或抗胆碱酯酶，是一种能抑制乙酰胆碱酯酶分解乙酰胆碱的化学物质或药物。这种抑制可以增加神经递质乙酰胆碱起反应的水平和持续时间。"

对于商用土豆，法定茄碱含量应低于20毫克／千克。在这个水平内，它可以视为无毒。然而，茄碱可以累积在绿斑和芽眼中。国家环境健康科学学会确定：茄碱和其他土豆毒素的平均消费量是12.75毫克／人／天，且对人类显示毒性的最低值是1毫克／千克体重或约50～70毫克／天（提斯，卡茄碱和茄碱，《毒理学文献回顾》，1998）。一些估算认为，你要吃掉两磅全绿的土豆，才能达到茄碱和卡茄碱的致命剂量。

一天的土豆黑客法，以最高的5磅土豆计算，意味着摄入了接近40毫克的配糖生物碱。这低于产生毒性的阈值。这些配糖生物碱聚集在土豆皮上，所以建议应仔细地去掉每一个土豆上的所有绿色的痕迹。吃绿土豆的危害是需要强调的，已经有一些土豆中毒事件的记录，如：

> "麦克米兰和汤普森（1979）报道了一起中毒事件，涉及在一间英国学校上学的78个男孩，在吃掉一批储藏了整个夏季的土豆后，他们生病了。17个（22%）吃过土豆的男孩因此出现呕吐、严重腹泻、腹部疼痛、发烧、幻觉和其他神经系统影响病状而住院。其中3个病得最重的在被送进医院时已经昏迷或者僵硬和神经末梢循环崩溃。经测量，剥皮煮熟后土豆中的配糖生物碱含量为0.3毫克／克。"
>
> ——Tice，1998

需要发布一个标准的安全警示。茄碱和卡茄碱中毒的迹象是吃完之后立刻感到唇舌灼烧和刺痛，并在几个小时内有腹泻、恶心、胃肠疼痛等症状。茄碱不易在人体内积累，健康人用约12小时就能代谢掉。薯片和薯条中茄碱和卡茄碱的含量非常高，但是你从未听过有谁因为吃这些常见食物而生病，当然在快餐业中也就没有"薯条致命"的警告。

> 这儿有一个对某些人价值百万美元的想法……写本饮食书，叫《土豆：所有健康问题之源》。书里讨论乙酰胆碱酯酶抑制剂、茄属植物和配糖生物碱。告诉人们如果什么土豆都不吃，他们的健康状况会更好。猜猜会怎样？它会有效！但这并不是因为土豆所含的毒素，而是因为在他们的饮食中减少了烹调用油和加工食品。

如果你感觉到你有可能已经土豆中毒了，去急诊室并带上一些你吃的土豆。治疗方案包括静脉输液和抗痉挛药物。土豆中毒常被误诊为病毒或细菌感染。一种可靠的检验茄碱和卡茄碱异常高值的方法是简单地把一点生土豆放到你的嘴唇上。如果你感觉到刺痛和灼烧，这土豆就不能吃了。

我真诚地希望当人们第一次尝试土豆黑客法时，没有人出现对茄科植物的过敏。当然，通过之前与茄科植物的接触，任何对茄科植物过敏的人都已经明了了它们的状况。

丙烯酰胺

当含淀粉的食物在烹调中变成褐色时（这是一种叫做美拉德的生化反应），其中一些淀粉会生成叫丙烯酰胺的化学物质。丙烯酰胺有很多工业用途，事实上仅仅美国就生产和销售了3亿磅丙烯酰胺。它被认为是一种致癌物质。

2002年，科学家发现薯片和薯条中含有高水平的丙烯酰胺。这引起了这些食物可能致癌的恐慌。很多研究致力于探索食物中的丙烯酰胺是否是全球癌症激增的原因。14年过去了，仍然没有达成共识。

人类食用加热淀粉的历史已有数千年，民间充斥着人类可能已经适应了膳食丙烯酰胺摄入的推测。世界卫生组织、美国食品药品监督管理局、世界各国政府均已发布了委婉的措辞来警示高丙烯酰胺食品的消费。如果丙烯酰胺是你的顾虑，只要不吃薯片和薯条即可。这两种食物无论如何都不被允许出现在土豆黑客法里。

益菌元和益生菌

肠道健康和消化功能良好的关键就是使微生物的组合方式恰当并用正确的食物喂养它们。肠道里驻扎着万亿影响我们健康的细菌，这可不再是推测，而是事实。事实上，促进这些微生物正常运作的需求刺激了数十亿美元的产业发展，生产出益生菌药剂和益生菌纤维供消费者购买。

实施土豆黑客法，你同时得到了双重的好处。土豆中含有抗性淀粉，它是一种现成的益生菌纤维，可以喂养你肠道中的大部分有益细菌。大多数人没有意识到的是，土豆也包含了一种微生物补充剂，它们居住在土豆深处。

曾有很长的一段时间，人们认为所有与植物相关的细菌都黏附在其表面。近来的研究显示，土豆和其他植物包含内寄生的细菌和真菌。这些内寄生物帮助土豆生长并保护它阻击外来入侵。然而，当你吃土豆时，它会将这些内寄生物与你分享，并将它们的DNA，微RNA和健康的酶提供给你。我们的免疫系统见到这些隐藏的细菌和真菌后也得到了极大的改善。

削皮还是不削?

　　考虑到土豆毒性的情况,在进行土豆黑客法时是否最好把皮全部削掉? 可能是这样的,但不仅仅是因为可能存在配糖生物碱。土豆是世界上最重要的食物之一。每年全球约有数以十亿吨的土豆售卖。使土豆成为如此有价值的商品的原因之一是它们的耐储性。

　　比起土豆种植中喷洒的农药化肥,在土豆上使用化学物质更可怕。田里的土豆被喷洒了除草剂和杀虫剂。土豆能被储藏一年而丝毫不变绿或发芽,这需要用到抗真菌剂和抑芽剂。等土豆到达超市时,它已完全处于人造环境并泡在化学物质里了。

　　幸运的是,这些化学物质大多数仅存在于土豆皮中。削皮是一种避免农业毒素的好方法。因此,我一直对从超市买的土豆削皮。对于有机土豆(希望没有被化学物质处理过),我仅仅削掉看起来倒胃口的部分,如黑点、绿斑、芽、切口和擦伤的部位。对我家里种的土豆也同样处理。你更偏向哪种呢?

商业化生产的土豆

总结

　　土豆是好的食物。人类吃土豆的历史已有几千年。和惊人的土豆消费量相比，土豆中毒事件发生的概率极低。全美国的体育酒吧将成吨的土豆皮卖给消费者而没有丝毫的顾虑。我已经听说过一些吃薯片、薯条、土豆皮或其他土豆产品而引发中毒的事件。

　　土豆是极好的营养来源，以重量论也是最便宜的食物之一。如果你吃土豆从未遇到问题，那你在土豆黑客法中也不会有任何问题。土豆是食物，标准的食物安全守则和常识还是需要遵循。将所有的绿斑和芽眼去掉。是否削皮由你自己决定。

　　为实现土豆黑客法的目的，我们会坚持使用土豆。如果任何人想尝试燕麦、油莎豆或者玉米，我愿意阅读你们的著作。

Tim家自产的土豆

土豆格言

我感激土豆，仅仅是因为它能赶走饥饿。除此以外，
我仅仅知晓它的寡淡无味。
　　　　——安泽雷·布瑞拉特–萨万瑞（1755—1826），
　　　　　　　　　　　　　《味觉生理学》（1825）

笔记

第07章 标志性人物

克里斯·沃尔特博士

2010年，华盛顿州马铃薯委员会主席克里斯·沃尔特博士曾连续60天只吃土豆。他之所以这样做，是想把土豆作为一种营养丰富、经济有效的食物进行推广，而当时美国农业部正试图将土豆排除在学校午餐及其他社会补助项目之外。

> "这并不是一种新的时髦节食法，这只是做一个大胆的声明，提醒人们土豆是真正健康和营养的食物。"
>
> ——沃尔特，《今日》杂志，2010

事实上，土豆黑客法也不是一种时尚减肥法，而是一种用普通的、有营养的食物来帮助人们重启新陈代谢、减少体重，然后回到正常生活的方法。沃尔特博士并没有完全遵循他所倡导的土豆黑客法原则，但他仍然提供了一个灵感，不是吗？

> "没有浇头，没有酸奶油，没有黄油，只是单纯的土豆和调料，以及烹饪需要的一点油。"
>
> ——沃尔特，《今日》杂志，2010

除烹饪用油外，沃尔特博士严格遵循1849年的土豆减肥法。结果是他的体重下降了21磅，低密度脂蛋白质胆固醇下降67%。

> "身体上我感觉良好，有充足的能量，夜间睡眠好，没有什么副作用。但我及我的医生都不鼓励大家采用这种疯狂的减肥法。这种减肥法只是一个大胆的声明，提醒人们土豆是富含多种营养的。"
>
> ——沃尔特，《BBC新闻》，2010

沃尔特博士希望这种节食法可以给低调的土豆吸引些公共注意力。但在节食界，土豆被严重误认为是"毫无营养的空碳水化合物"。不幸的是，美国农业部沿用了这样的谬称。

"如果我们能成功地说服农业部把土豆放在项目中，这才叫百分百成功。但是目前已取得的媒体和公众认知，以及对土豆营养价值的关注已经很好了。我想这个成功应该是指日可待了。"
>
> ——沃尔特，《今日》杂志，2010

沃尔特真的成功了！首先，在2011年，美国国会推翻了学校午餐限制使用土豆的议案。其次，在2014年11月，美国农业部发布了一份备忘录：将土豆列入福利现金券购买清单。根据备忘录要求，土豆可以用WIC（妇女、婴儿和儿童）现金抵用券购买。WIC现金抵用券是政府补贴券，发给贫困的孕妇和母亲用于为家人购买营养食物。把土豆从这样一个项目中排除真是脑子秀逗了。

荣誉授予发动土豆革命的克里斯·沃伊特博士

——《西雅图时报》

1840年，苏格兰囚犯

纵观历史，人们的生存和发展都离不开土豆。在监狱里，罪犯通常只能吃土豆来维持生存。过去曾有一条爆炸性新闻，听过后你很快就会同意将这些苏格兰囚犯列在土豆荣誉榜上是名副其实的。当你阅读这个囚犯饮食实验时，请记住，减肥不是实验的目标，让囚犯获得全面的健康和满足感才是目的。

1840年，弗雷德里克·希尔在《苏格兰监狱督察的第五份报告书》中写道：

> "近几年，格拉斯哥感化院（监狱）开展了一项饮食实验，虽然实验进行的时间不够长，引入的环境变量也不够多，因此实验的结果还不足以证明它的安全性并提供指导，但它的出现已足够引起我的兴趣，觉得记录下来很必要，现提交请阁下关注。"
>
> ——希尔，1840

监狱管理层开展了一项实验，目的是在他们的预算范围内找到最理想的膳食食品。他们设计了八种不同的伙食方案，一个月内同时提供给不同组的犯人。伙食方案中包括各种肉类、土豆、燕麦片和牛奶的搭配组合。毫无例外，最受欢迎的伙食是全土豆餐。记住噢，我们的目标是获得足够的营养而不是减肥。每个因犯都能得到6磅的土豆，并分成三顿饭。所有土豆都是煮熟的、热的。具有讽刺意味的是，在实验中偶尔供应的烤土豆居然被所有囚犯无情拒绝了。

- **普通监狱餐**
  早餐——用8盎司[1]燕麦片和1品脱[2]酪乳做成的粥
  午餐——两品脱含有4盎司大麦、1盎司骨头和蔬菜的汤、8盎司面包
  晚餐——5盎司燕麦片和半品脱酪乳做成的粥

- **全土豆餐**
  早餐——两磅煮土豆
  午餐——三磅煮土豆
  晚餐——一磅煮土豆

> 有10名年轻男人和男孩参与了这个用餐计划。这些人都属于短期监禁，并且从事较轻的工作（梳理编织马毛）。在实验开始时，8个人健康状况良好，2个人有健康问题。实验结束时，那8个人一直保持健康，而2个健康有问题的人的身体情况均得到改善。平均下来，每个因犯的体重增加了3.5磅，一个开始有健康问题的年轻人体重增加最多，达到8.25磅。只有两个人减轻了体重，但减轻的重量都微不足道。因犯们都表示对这种伙食很满意，并且都对改回普通的伙食感到遗憾。

通常，当我们一想到"惩罚性食物"这个词时，就会想到面包和水。军事审判统一法典还规定给不听话的士兵只提供"有限的口粮"，在过去就是指面包和水。美国监狱系统则把"面包和水"发展到一个全新的水平。

在全国各地的监狱里，不守规矩的因犯就会被供给nutraloaf[3]，这种像水果蛋糕一样的食物，是一种半熟的食物替代品，其中包含了囚犯生存所必需的所有热量和营养。不同于过去给囚犯供给土豆的情形，得到nutraloaf的囚犯总是抱怨连连。

---

❶ 1盎司约为28.35克，下同。
❷ 1品脱约为0.57升，下同。
❸ 也叫监狱面包，纪律面包——维基百科。

安托万·奥古斯汀·帕门蒂尔（1737—1813）

帕门蒂尔是在土豆圈子里被人熟知的名字。许多土豆菜肴都以他的名字命名。帕门蒂尔是一位法国学者，传说是他把土豆种植引入欧洲，而随后引发了人口爆炸。帕门蒂尔也是第一批信奉土豆黑客法的人。

作为英法七年战争（1754—1763）间的一名囚犯，帕门蒂尔连续数周都只能以土豆为食。那时候，土豆只是被用于喂养牲畜，并没被当作人类的食物。帕门蒂尔的普鲁士看守们当然把用动物饲料喂犯人当成笑话，但是帕门蒂尔笑到了最后。

PARMENTIER.

帕门蒂尔受过营养师和药剂师培训，他注意到被喂养土豆的囚犯们日益强壮。他对新引入欧洲的土豆毫无偏见，而且很喜欢土豆泥。在囚禁期间，帕门蒂尔规划了土豆商业化种植的途径和解决法国日益严重的粮食危机的方案。

战争结束后，帕门蒂尔因为把"pomme de terre"（土豆）用作奢华晚宴菜单上的唯一菜品而声名狼藉。大多数法国人认为土豆是有毒的，帕门蒂尔为此进行了艰难的斗争。

无名的土豆黑客法践行者们

多年来，我已经和数百人在各个论坛上谈到了土豆黑客法。他们或用假名，或是匿名，正是这些人，让我有兴趣将土豆黑客法的精神传承下去。

ANONYMOUS

匿名者发言

"嗨，大家好，当我刚开始第一次土豆黑客法（三天）时，就爱上了它。我只用了盐。一旦我相信了自己所做的事情，我一般都能很好地自律。

多年来（我现在55岁了），我尝试过水禁食、果汁禁食、单一节食、循环节食、素食法、阿特金斯健康饮食法、低碳水化合物饮食法、超级原始人饮食法、超级食物法等。我通过节食解决了非常严重的健康问题——不同的节食法提供了不同的知识体系并解决了不同问题——现在我的身体非常健康——比我30、40岁时的还要好……相比于其他的减肥法，土豆黑客法是最容易和最舒服的。

我很兴奋发现了这个方法，而且非常愿意进一步实践下去。真希望我能早点发现它。它没有许多纪律要求。我认为人们在进行土豆黑客法时遇到的大部分麻烦（指遵守它的原则），都是心理性、情绪性或习惯性的。身体的反应看起来非常自然，毫不费力，甚至是令人愉悦的，至少目前是这样。

感谢Tim，以及所有你的研究和分享！我们生活在这样一个激动人心的时代，一个容易获取并快速传递健康知识的时代。"

——匿名，土豆黑客法博客，2015年12月

"我不明白为什么每个人都如此热衷于改变这样一个显然是简便、有效、甚至可以称作优雅的方法。

将土豆吃到吐，加上脱脂的奇妙酱——我们到底是着了魔，还是真的无法控制自己了？

土豆作为这个方法的理想食品有很多原因，而不仅仅出于土豆本身。如果你留意到了，Tim曾经解释过，这种方法的另一个好处是它引导了自律。让我们面对它吧，许多看似可怕的情况，都是由缺乏自律导致的体重增加，以及随后接踵而至的健康问题。"

——匿名，土豆黑客法博客，2015年12月

"哇！从11月1日起开始土豆减肥法，打算一周只吃土豆。在晚餐前一直禁食，然后接下来都只吃土豆。我的午餐和晚餐都只吃加了盐和辣椒的煮土豆（黄褐色土豆、育空黄金土豆和红土豆）。刚开始时，我的体重有206.8磅。周日早上和今天早上我的体重变为201.6磅。计划在周五结束，周六、周日吃些别的东西。计划下周一再继续，走着瞧吧。

我很惊讶于体重的减少，我已经素食4个月并且减了18磅。但是一旦停止，坏习惯便又悄然而至。这是一个重要的归零和重启时刻，将我从那个一直无法摆脱的205磅平台上拉了下来。

太爱这个了。老实说，对我来说土豆还是很美味的。午餐时我通常只吃不加任何东西的冷的煮红土豆。晚餐的时候我把煮熟的黄褐色土豆切成条并烤脆，就着麦芽醋一起吃（谢谢你的建议）。每次吃起来味道都很棒。

这太棒了！"

——jss，土豆黑客法博客，2015年11月

"刚减了15磅。这使我有些相信只要严格按照你的规则来，其实还挺容易的。对我来说，我每周一至周五的午餐和晚饭吃煮的冷土豆，周六、周日吃营养密集型食物，包括草食动物的肉、肝、蛋、蔬菜、大米和所有我想吃的水果。上周末，我一天早餐吃了荞麦饼，第二天吃了燕麦粥。当我有饱腹感时就不再吃了。我真的喜欢这种减肥法。在工作日时，我把土豆吃得饱饱的，轻而易举就断了对甜甜圈的念想，并且把吃土豆当成日常工作的一部分。我只知道周一至周五就是吃土豆，我并不感觉到疲惫和饥饿。我有充足的精力。比HCG减肥法或者低糖饮食法要容易多了。当我采取低碳减肥法时，我的睡眠出现了很多问题。现在，即使我想醒都无法做到。我不用佩戴橘色的眼镜或者远离屏幕了。谢谢！谢谢！"

——AH，土豆黑客法博客，2014年11月

"这个土豆减肥法真的让我烦恼了。它太管用了，所以，我真的无法理解！

我读了这里所有的解释和去年的其他博客，但是当我去做的时候，一次改变一个参数（蛋白质或脂肪），我仍然不知道'到底发生了什么'，因为没有什么能够解释这个原始的奥秘：即使是吃了大约含有1 200千卡热量的土豆，我仍好像是前一天根本没吃东西一样减了肥。哦，不对，是没有摄入卡路里。

以下是目前我所做的：

——1天3～4磅土豆，煮或用微波炉烤，坚持每2磅土豆只用1勺油脂。这样每天我能体重减少0.6～0.7磅，就好像什么都没吃（我每天热量需求是1 800千卡）。

——将每2磅土豆的用油增加到2勺，减重幅度没有原来那么大，但每天仍能减0.4磅。

——用油量超过2勺时，就没有减重效果了。

——在2磅的土豆餐中增加7～10克蛋白质（如：火腿、肉末、肝），同样能每天减重0.6～0.7磅。

——增加更多的蛋白质时，减重的幅度呈线性而缓慢的下降，当每天摄入的蛋白质达到40克时，就不再有减重效果了。

这里减少的不是水。看阻抗秤的绝对数字是无用的，但相对数字更有意义，不会天天变。另外，由于身体脱水或采用生酮饮食法引起的一些常见变化（如尿液颜色、皮肤弹性、饮水量／频率的变化），在土豆黑客法中不会发生。当然，在吃土豆时摄入淀粉／葡萄糖等大量糖原也不是我期望的。但是，嘿嘿，这件事本来就已出乎意料，因此我只需检查水合状态即可。

还有人观察到类似的现象，无法解释大幅度体重减轻的情况吗？"

——EpiCurie，马克的每日苹果营养论坛，2013年10月

"我又轻了两磅，在两周半的时间里已经轻了12磅。我仍然觉得很舒服，而且不想吃任何东西，这真是令人赞叹的方法。"

——KT，低碳水化合物之友论坛，2013年2月

"我认为对大多数人来说土豆黑客法已经验证了它的成功，它值得被认真对待，所以希望我们的精力可以更集中在'怎么做'和'为什么做'，而不是停留在'如果'上。甚至做些食谱研究也是有意义的。

我试过两次PBD（白天吃土豆法），每次都减了几磅（减的是净重，虽然过后会反弹一些），我坚持认为土豆黑客法应不超过3～4天，因为我很难相信这个方法可以提供足够的蛋白质和任何脂溶性的维生素，而且我现在住在马来西亚，这个地方很热衷于一家人下馆子吃饭。除此以外，进行两周的土豆黑客法，何乐而不为呢？"

——AC，马克的每日苹果营养论坛，2012年11月

当然，也有人这样问：

"我是否可以只用鸡蛋、奶酪或香蕉吗？"

——Anon，马克的每日苹果营养论坛，2012年3月

过去几年中，我在各种网络平台上与土豆黑客法践行者们交流，他们值得尊敬。

马特·达蒙

马特·达蒙是2015年上映的好莱坞电影《火星救援》中的电影明星。该电影改编自2011年安迪·威尔同名小说。马特·达蒙扮演的是一名2035年被困火星的美国宇航员。

宇航员马克·沃特尼（马特·达蒙扮演）孤单并且饥饿，他想起来火星研究实验室还存有土豆，那是宇航员们为了庆祝他们在太空的第一个感恩节而带来的。沃特尼将自己的排泄物当做肥料，在太空中种植出了令人惊讶的土豆，并且通过吃土豆而生存了459个太阳日[1]。

我被电影深深打动了，当马特·达蒙发现自己被困火星时，他经历了彻头彻尾的悲痛。最初，他无法接受这个事实，他们怎能把他一个人遗弃在火星呢。随后他很愤怒，闷闷不乐地吃完他的所有给养。他开始发脾气并像疯子一样开始诅咒。然后他打赌，只要他运用在美国宇航局的所学，并使自己成为"火星上最好的植物学家"时，火星就不能打败他。

土豆黑客法也是如此。当人们第一次认识土豆黑客法时，他们的反应是令人惊讶的。否认、愤怒、讨价还价和接受。总是如此。人们总是说"它对我不管用！"然后他们变得愤

---

[1] 太阳日（SOL）指火星太阳日Martian solar day，全长24小时39分35.244秒。

怒，因为他们坚定地附和着他们目前的减肥方法，即使它并不有效。有时候人们肯定会生我的气，我怎么敢提出这样一个激进的计划，它肯定有缺陷！但后来他们还是尝试，实施土豆黑客法，减了很多体重，并发现他们并没有饿肚子，然后他们会继续吃土豆。

马特·达蒙，火星上第一个土豆黑客法践行者（20世纪福克斯电影公司）

土豆格言

> 在剩下的每个夜晚，我都会去享受一颗土豆。我说的"享受"，是指"讨厌到想杀人"。
>
> ——马克·沃特尼，《火星救援》，2014

笔记

第08章 追根究底……科学！

现在让我来回答你最关心的问题，是的，我也意识到我的话听上去不可思议。我并不是第一个提出单一饮食法的人。大部分单一饮食法（如葡萄柚餐）都会最终让人体重减轻。我也见过"只吃一种奇怪的食物就能让你瘦下来"这样的口号。但是土豆黑客法和这些都不同，它运用土豆的天然药理性质引发人的生理变化。

如果将土豆看作一味药，那么对它的临床研究可以追溯到1万年前在安第斯山脉发现土豆的历史。人们认识土豆，从毒性、药动学、药效学、药剂学和药系学的角度探究土豆。法国人出于对茄科植物的疑虑，一开始仅将土豆喂给动物。当发现动物食用土豆并无异状后，他们又在战犯和穷人身上实验土豆。

土豆黑客法的"实验"在1700—1800年持续，期间有上百万人仅食用土豆；此后一段时间，该项实验则在特定的医院环境下对选定的实验组进行。这些研究在很大程度上为人所忽视。一是因为当时肥胖症并不流行（其实事实恰恰相反），二是针对癌症、糖尿病和高血压等疾病，很快就研制出了可以替代的药物。

美国食品药品监督管理局并没有将食物作为药物监管。如果他们有朝一日这么做了，那么土豆一定会因为富含药物级的生物碱甙和犬尿喹啉酸而被列入监管名单。

讨论

本章我将深入挖掘一些科学研究成果。在整本书里，为带给大家更好的阅读体验，我一直努力使用简单的语言，但是本章会大量引用学术专著和研究论述。希望大家在阅读了这些文献之后得出自己的结论。

多年的科技文献阅读经历告诉我，对于每一个观点，有多少条理由支持，就几乎有多少条理由反对。因此在这里，我试图将双方的论据都展现出来或是总结那些揭示土豆黑客法生物学作用机制的文献。请记住，虽然科学家们假装无所不知，但他们并没有了解一切。

健康的秘诀在于防止炎症。系统性炎症是大部分健康问题的根源，但是消灭炎症却很困难。土豆黑客法的主要成功之处就在于减少了炎症。此外，人有一个理论上的"体重点"。很多注册了商标的减肥法宣称能降低你身体的"体重点"，就好像把你家的恒温器温度调低一样。而土豆黑客法是我迄今发现的唯一可以真正减少炎症和降低"体重点"的方法。

土豆黑客法是一种极低脂肪的饮食干预策略，低脂饮食在过去几十年里一直用于治疗新

雪中的土豆（作者摄影）

陈代谢紊乱，在很多时候低脂饮食就是低卡路里饮食。我们将去探究"卡路里摄入及消耗"的减肥模式。胰岛素敏感度是一项重要的健康指标，土豆黑客法则是一种扭转成年人新陈代谢紊乱的好方法。当人们对饮食中摄入的葡萄糖失去控制力时，会导致一系列恶果，包括高胆固醇、高血压、肥胖及其他新陈代谢问题。

后来健康科学的重点转移到了研究肠道细菌对人类健康的影响。有证据表明人类的大脑和肠道有一种关联，肠道中的微生物群可以对大脑中的"自动"系统产生影响。这种肠脑联系是一柄双刃剑，当你长期食用现代加工食物后，肠脑联系就很有可能对身体产生负面影响。土豆黑客法则可以重塑这种联系。此外，我们也将探寻"食物奖励"理论背后的科学道理。如果你不停地吃美味的食物，那么你的大脑就会欺骗你的身体。土豆黑客法可以绕过大脑中的"奖励中枢"，让你严格控制自己的饮食习惯。为抵御霜寒和干旱气候，土豆可以制造出一些化合物，这让它成为了一种天然药物。

最后，我们将研究土豆中的化合物和分子，这些物质使土豆成为短期节食的最佳选择。如果你和我一样，是一个彻头彻尾的怀疑论者，那么，在阅读我列出的土豆黑客法背后的科学原理时，你一定会感受到乐趣。如果你对科学原理毫无兴趣，那你可以直接跳过本章。

土豆抗炎功效

• 犬尿喹啉酸

　　犬尿喹啉酸（KYNA）在1853年的医学文献中就有所记载。作为色氨酸的代谢物，犬尿喹啉酸可以作为离子型谷氨酸受体的内源性拮抗剂（对不起，我已告诉你科学就是这么难懂）。犬尿喹啉酸在中央神经系统和大脑中都发挥了重要作用。此外，犬尿喹啉酸也可以调动组织抗击炎症，尤其是在肠道内。犬尿喹啉酸具有抗溃疡及抗运动亢进的特点，可以有效地治疗肠易激综合征及大肠炎，此外犬尿喹啉酸还具有抗癌症及抗氧化的特点（Turski，2012）。

　　大部分食物中都含有犬尿喹啉酸，但是两种食物的含量最高，也最有益于身体，即蜂蜜和土豆。土豆中犬尿喹啉酸的含量是排在第二位的蜂蜜中的10倍。人体摄入犬尿喹啉酸的主要来源就是土豆。有关大脑中犬尿喹啉酸的实验显示，该物质对于认知功能非常重要，并且可通过血脑障壁得到很好的调节（Pocivavsek，2011）。犬尿喹啉酸在肠道中发挥的作用则更加依赖于饮食摄入，并且可能对肠道功能起到关键作用（Turski，2013）。

• 龙葵素／卡茄碱

　　此前我们讨论了土豆含有的两种糖苷生物碱，即龙葵素和卡茄碱，这两种物质往往被认为会对身体造成不良后果。我也提到这两种代谢产物定义为有害之前还需要考虑更多的因素。事实上，龙葵素是抗击炎症的主要物质，也是让土豆黑客法变得如此特殊的原因。

　　肯尼（Kenny）等学者（2013）研究了土豆糖苷生物碱的抗炎症作用，并指出"土豆糖苷生物碱和土豆皮提取物中所含有的子细胞毒性浓度可以产生抗炎功效，通过进一步研究，有望在预防炎症相关疾病方面发挥作用"。这些学者通过研究人类和小鼠的T细胞模型研究了土豆糖苷生物碱的抗炎症作用。在注意到番茄和土豆糖苷生物碱的相似之处后，这一组研究人员一直在探索土豆是否具备和番茄一样的抗炎属性。

　　这些研究获得了惊人的发现，土豆中的糖苷生物碱可以有效地抑制促炎性细胞因子以及细菌内毒素（LPS）引发的炎症。研究表明，土豆糖苷生物碱中的糖苷配基是抗击炎症的主要原因。土豆糖苷生物碱是甾式皂甙的氮类似物。2014年进行了一项检验龙葵素对防治胰腺癌作用的课题研究。此课题是继发现龙葵素可以有效对抗肝癌及黑素瘤（Lv等，2014）之后的又一研究。2014年的研究表明龙葵素可以有效地抑制胰腺癌的"通路增殖、再生及转移"。而龙葵素抗癌的主要原因是对白细胞介素-2和8炎症的抗击（Lv等，2014）。

> 在这份研究中，我们用α-龙葵素（3、6、9µg/µl）的无毒提取物进行体外实验，发现α-龙葵素依然可以有效抑制转移，如入侵、迁移及再生；这说明α-龙葵素抑制转移的效应与细胞毒素功能无关。我们首先评估了α-龙葵素在活体中的效力，发现其可以抑制去胸腺裸鼠移植瘤的扩散、再生及转移。

我认为重要的是，本研究中使用的是非致死剂量，这说明了土豆黑客法的正面效应是真实存在的。很少有人只吃土豆不吃其他食物。龙葵素在人体内可以停留12小时，然后会通过尿液排出（Dolan，2010）。在土豆黑客法的指导下持续食用土豆无疑可以在体内产生持续的抗炎作用。

在肯尼（Kenny，2013）和吕（Lv，2014）研究的基础上，《农业及食品化学》期刊上的一篇文章分析了土豆糖苷生物碱中的化学及抗癌机制（Friedman，2015）。弗里德曼（Friendman，2015）研究了活体及体外关于土豆糖苷生物碱的抗癌及抗肿瘤作用。

弗里德曼展示了许多土豆糖苷生物碱对抗多种癌症的案例，他认为"土豆方面，非正式的全球指导认为每百克新鲜土豆中含有20毫克的生物碱苷。基于我此前讨论过的抗癌问题，土豆似乎可以帮助我们对抗多种癌症。"

另一个研究组也在2015年研究了土豆的抗炎症作用。通过研究土豆皮中的提取物，徐（音译）等学者展示了土豆糖苷生物碱对于吸烟引发的慢性阻塞性肺病的药理作用。

> 当促炎性因子被激活后，氧自由基和溶酶体酶则会被白细胞释放，从而引起炎症。土豆皮提取物中的粒细胞集落刺激因子（G-CSF）活性降低则表明慢性阻塞性肺病（COPD）的炎症过程得到缓解。总结起来，我们认为土豆皮提取物可以抑制肿瘤坏死因子α和粒细胞集落刺激因子、激活白细胞介素-10，从而减少肺组织中的炎症，达到治疗吸烟引发的慢性阻塞性肺病的目的。

土豆皮提取物中含有氨基酸、维生素、矿物质及有机物。土豆在抗击炎症方面卓有成效。土豆中的氨基酸和维生素对抗击炎症是次生作用，而非直接影响因素。

土豆不仅仅在抗击炎症方面有成效，同时也能抗击癌症。土豆黑客法中最有效的成分是否就是我们平时最害怕的物质呢？如果龙葵素和卡茄碱在抗击炎症方面真的像研究所言的如此有效，那么土豆黑客法可谓是"终极饮食"。为减少炎症，先仅食用土豆一段时间，然后逐步加入其他食物，可以看看究竟是哪种食物造成炎症。此外，对于癌症化疗患者，医生也常请他们减少碳水化合物的摄入（LaGory，2013），但是这项医嘱并不应该用于具有抗癌作用的土豆上。此外，正如我们所知的白藜芦醇及其他"灵药"那样，土豆真正的"魔力"在于其本身，而非其提取物。土豆黑客法则可以全方位地提供大量的，当然也是微毒的抗击炎症的配糖生物碱。

参考文献

DOLAN L C, MATULKA R A, BURDOCK G A, 2010. Naturally occurring food toxins. *Toxins,* 2(9): 2289-2332.

FRIEDMAN M, 2015. Chemistry and anticarcinogenic mechanisms of glycoalkaloids produced by eggplants, potatoes, and tomatoes. *Journal of agricultural and food chemistry,* 63(13): 3323-3337.

KENNY O M, MCCARTHY C M, BRUNTON N P, et al., 2013. Anti-inflammatory properties of potato glycoalkaloids in stimulated Jurkat and Raw 264.7 mouse macrophages. *Life sciences,* 92(13): 775-782.

LAGORY E L, GIACCIA A J, 2013. A low-carb diet kills tumor cells with a mutant p53 tumor suppressor gene: the Atkins diet suppresses tumor growth. *Cell Cycle,* 12(5): 718-719.

LV C, KONG H, DONG G, et al., 2014. Antitumor efficacy of á-solanine against pancreatic cancer in vitro and in vivo. *PloS one,* 9(2).

POCIVAVSEK A, WU H Q, POTTER M C, et al., 2011. Fluctuations in endogenous kynurenic acid control hippocampal glutamate and memory. *Neuropsychopharmacology,* 36(11), 2357-2367.

TURSKI M P, KAMIŃSKI P, ZGRAJKA W, et al., 2012. Potato-an important source of nutritional kynurenic acid. *Plant foods for human nutrition,* 67(1): 17-23.

TURSKI M P, TURSKA M, PALUSZKIEWICZ P, et al., 2013. Kynurenic Acid in the Digestive system—new Facts, new challenges. *International journal of tryptophan research: IJTR.*

XU G H, SHEN J, SUN P, et al., 2015. Antiinflammatory effects of potato extract.

体重点

体重点理论在很长时间内一直见诸主流媒体。每一个节食计划都承诺可以重塑你的体重点。但是很少有人知道体重点究竟为何物，如何才能将其有效降低。人体内生的反馈机制使我们全年的体重保持在相似的水平。我们应该将每年的体重变化控制在5～10磅，并且保持其不逐年递增，以避免最后变得肥胖。

体重点理论揭示了我们身体感知体重变化，并通过饥饿信号、加速的新陈代谢、荷尔蒙变化或对特定养分的需求来增加或减少体重的能力（Harris，1990）。最终的目标是通过调节体重来实现身体平衡。身体所设定的平衡点可不是那么容易操控的。

很多科学家认为，体重点是与生俱来难以改变的，与此同时受到现代高卡路里食物供给的影响。在明尼苏达饥饿实验中，健康的实验个体经受了24周的饥饿，然后被允许可以吃任何食物。在饥饿中，实验组平均失去了66%的脂肪，而重新进食让他们的体重增加到了实验前的145%，说明了"脂肪追赶性生长现象"（DeAndrade，2015）。这项实验表明体重点并不是一成不变的，会随着营养状况而改变（Muller等，2015）。

> 显而易见的是，在西方生活方式下，代偿反应更多的是被动而非主动，因此对体重的调节作用有限。
>
> ——Meller，2015

2011年一项叫做"体重点理论及肥胖"的研究探索了人们如何通过控制卡路里摄入及减肥手术来降低"体重点"。研究表明胃分流术通过改变卡路里摄入并让人因为胃容量减少而感到饱足，从而建立新的体重点（Farias，2015）。但外科减肥手术之后病人体重重新增加的现象却比较普遍，因为病人又慢慢地学会过度饮食，并且撑大了他们的胃部。这样，病人的体重点就重新回到了更高水平，他们也因此增加了体重。

土豆黑客法拥有一系列有效降低体重点的机制。一个充满低卡路里食物的饱腹，可能会发出缺乏营养的信号。但在这个时候，人们的体重点就会降低。古时候，当人们无法获得基本食物的时候，就会食用"后备食物"（Marshall，2007）。举例来说，在非洲的旱季，动物和水果比较稀缺，但是地下生长的山药却容易获得，虽然山药不是我们祖先最喜欢的食物，但他们也靠这些淀粉型块茎度过了饥饿岁月。资源匮乏的人们总是被饥饿困扰，这算不上是一种进化的优势。减少饥饿意味着减少食物摄入，从而为他人留下更多食物。这可能是我的一个大胆猜想，但我认为我可以展示土豆黑客法创造出了一种环境，就是饥饿被感觉到，同时实现了脂肪燃烧。而在真正饥饿的条件下，人类的身体会减少脂肪燃烧来保存能量（McNamara，1990）。

土豆中富含蛋白酶抑制剂（PI），该物质被广泛认为是"抗营养素"（Novak，2000）。蛋白酶抑制剂是植物自我防御进化的结果，可以阻止昆虫及食草动物食用该植物。

几乎所有植物都含有蛋白酶抑制剂，因此显然该物质也不能100%克制住昆虫和动物。人们研究土豆蛋白酶抑制剂（PPI），是因为该物质可以提高人体内的缩胆囊素（CCK）水平，从而增加人的饱腹感。缩胆囊素由肠腔分泌，标志着一顿饭开始进入消化吸收阶段。该物质通过激发饱腹感，从而降低人的进食量（Komarnytsky等，2011）。

土豆蛋白酶抑制剂可以推迟胃排空，并且降低食物通过小肠的速度（Schwarz，1994），从而减缓血糖浓度的上升，让人持续感到饱足。回顾文献记载，我们可发现人类对提纯土豆蛋白酶抑制剂已进行了广泛的研究。然而，现在还没有使用真正的土豆提取物来开展研究。科玛尼斯基等学者（Komarnytsky等，2011）研究了土豆蛋白酶抑制剂提纯物的效果，该物质含有土豆蛋白酶抑制剂II、土豆蛋白酶抑制剂I以及土豆胰蛋白酶抑制剂。所有种类的土豆都包含这些蛋白质，而且这些蛋白质具有很强的丝氨酸蛋白酶抑制活性。

> 代谢综合征和肥胖在很大程度上与摄入过多卡路里（已超过热量需求）以及饱腹感姗姗来迟有关。胃蠕动及肥胖感官功能的改变可有效防止和调节新陈代谢紊乱，因此管理好受缩胆囊素控制的胃排空和饱腹感，是减少代谢性疾病风险的有效策略。
>
> ——Komarnytsky等，2011

正如你所知，缩胆囊素会造成胆囊收缩（Yu，1998）从而造成胆结石的风险（Festi，1998）。但当土豆蛋白酶抑制剂刺激缩胆囊素分泌并促进胆囊排空时，胆结石的情况就不可能在土豆黑客法期间发生。请不要将土豆蛋白酶抑制剂混淆于质子泵抑制剂，前者是土豆黑客法中降低体重点的关键因素。同时，"饱足"信号以及减少卡路里摄入据说是旁路手术和胃分流术成功背后的诀窍，而土豆黑客法可轻易取得相同效果。医生们很惊讶，2型糖尿病病人在手术后24小时即可痊愈，而你也会同样惊讶于土豆黑客法的神奇速度！

参考文献

DE ANDRADE P B, NEFF L A, STROSOVA M K, et al., 2015. Caloric restriction ...catch-up fat upon refeeding. *Frontiers in physiology* (6).

FARIAS M M, CUEVAS A M, RODRIGUEZ F, 2011. Set-point theory and obesity. *Metabolic syndrome and related disorders,* 9(2): 85-89.

FESTI D, COLECCHIA A, ORSINI M, et al., 1998. Gallbladder motility and gallstone formation in obese patients following very low calorie diets: use it（fat）to lose it（well）. *International journal of obesity,* 22(6): 592-600.

HARRIS R B, 1990. Role of set-point theory in regulation of body weight. *The FASEB Journal,* 4(15): 3310-3318.

KOMARNYTSKY S, COOK A, RASKIN I, 2011. Potato protease inhibitors inhibit food intake and increase circulating cholecystokinin levels by a trypsin-dependent mechanism. *International Journal of Obesity,* 35(2): 236-243.

MARSHALL A J, WRANGHAM R W, 2007. Evolutionary consequences of fallback foods. *International Journal of Primatology,* 28(6): 1219-1235.

MCNAMARA J M, HOUSTON A I, 1990. The value of fat reserves and the tradeoff between starvation and predation. *Acta biotheoretica,* 38(1): 37-61.

MÜLLER M J, BOSY- WESTPHAL A, HEYMSFIELD S B, 2010. Is there evidence for a set point that regulates human body weight? *F1000 medicine reports* (2).

NOVAK W K, HASLBERGER A G, 2000. Substantial equivalence of antinutrients and inherent plant toxins in genetically modified novel foods. *Food and Chemical Toxicology,* 38(6), 473-483.

SCHWARTZ J G, GUAN D, GREEN G M, et al., 1994. Treatment with an oral proteinase inhibitor slows gastric emptying and acutely reduces glucose and insulin levels after a liquid meal in type II diabetic patients. *Diabetes Care,* 17(4): 255-262.

YU P, CHEN Q, XIAO Z, HARNETT K, et al., 1998. Signal transduction pathways mediating CCK-induced gallbladder muscle contraction. *American Journal of Physiology-Gastrointestinal and Liver Physiology,* 275(2): 203-211.

极度低脂饮食

下面这一点听上去很有道理：如果你很胖，那么你身体里就有多余的脂肪，那么如果你不再摄入食品里的脂肪，你就可以消耗自身脂肪了，问题是，生活可不是那么简单。如果仅仅是避免脂肪摄入就能减肥，那么世界上就全是瘦子了。

食物中脂肪的摄入难以避免，而且其卡路里是蛋白质和碳水化合物的两倍。例如杏仁中的一点油脂就比碳水化合物和蛋白质含有更高的热量。每日摄入一小把杏仁就能让你的饮食增加15克油脂，而美国国立卫生研究院食品与营养委员会关于每人每天脂肪的推荐摄入量也仅仅是25～35克。也就是说一小把杏仁就含有一个人一天所需脂肪的一半的量。

虽然我们常常推荐"低脂"饮食，但是没人知道如何定义"低脂"。主流的建议是"选择低脂食物"，例如低脂牛奶，"轻"零食以及脱脂乳制品。然而这样的饮食结构必然让你每天的脂肪摄入量高于25～35克。30克油脂相当于270大卡，如果人每日摄入2 500大卡的热量，那么25～35克脂肪也仅仅是热量的10%。如果人们按照标准美国饮食摄入加工食品和零食，那么很难将从脂肪中摄入的热量控制在总热量的10%。在很多时候，人们从脂肪中摄入的热量占总摄入的30%以上。2009—2012年的疾控中心数据显示，男女从脂肪中摄入的热量平均占总热量摄入的33%和32%。如果以一天摄入2 500卡热量来计算，那么折算下来他们每天会摄入92克脂肪。

虽然低脂饮食已经得到了几十年的推广，但是却没有获得广泛的验证。实际上，自20世纪70年代低脂饮食问世后，遵循此项建议的人们的健康甚至变得更糟糕了。所谓的"低脂"食物，如标榜"低脂"的人造黄油和零食对我们的健康是相当有害的（Wansink和Chandon，2006）。

• 肯普纳（Kempner）稻米饮食

虽然低脂饮食有如此明显的矛盾，但是依然有一些研究表明这种方法可以治疗新陈代谢紊乱问题。肯普纳医生在1948年推出的肯普纳稻米饮食使用几乎零脂肪饮食来治疗高血压病人。他的饮食包含大米、糖及水果，每日提供2 000大卡热量但仅有5克脂肪（Kempner，1948）。肯普纳医生的疗法不但可以缓解高血压，还可非常有效地治疗糖尿病（Van Eck，1959）、降低胆固醇（Keys，1950）以及抑制肥胖（Chapman等，1950）。杜克大学使用肯普纳稻米饮食成功地让肥胖患者减脂，他们多种新陈代谢指数都有所转好（Newmark和Will，1983）。

肯普纳稻米饮食的吸引力在1950年间逐步消失，虽然取得了不错的成绩，但是肯普纳本人也表示，该方法很难坚持下去。很多人认为稻米饮食在缓解高血压方面的成功在于减少了钠的摄入量，但是肯普纳稻米饮食最大的失败还是在肯普纳本人。

> 我通过鞭打来帮助人们，因为他们希望被鞭打。
>
> ——肯普纳，1997

1997年10月26日，杂志爆料了肯普纳的堕落人品。他曾在1993年因性骚扰女员工而被起诉，并称肯普纳用马鞭抽打该员工，并将其作为"性奴隶"（美联社，1997）。如果"稻米饮食"由更好的人代言，那它可能会获得更多的关注。

参考文献

Associated Press, 1997. Lawsuit reveals private life of rice diet doctor. *Spartanburg Herald-Journal*.

CHAPMAN C B, GIBBONS T, HENSCHEL A, 1950. The effect of the rice-fruit diet on the composition of the body. *New England Journal of Medicine*, 243(23): 899-905.

KEMPNER W, 1948. Treatment of hypertensive vascular disease with rice diet. *The American journal of medicine*, 4(4): 545-577.

KEYS A, MICKELSEN O, MILLER E V O, et al., 1950. The relation in man between cholesterol levels in the diet and in the blood. *American Association for the Advancement of Science. Science*, 112: 79-81.

NEWMARK S R, WILLIAMSON B, 1983. Survey of very-low-calorie weight reduction diets: I. Novelty diets. *Archives of internal medicine*, 143(6): 1195-1198.

VAN ECK W F, 1959. The effect of a low fat diet on the serum lipids in diabetes and its significance in diabetic retinopathy. *The American journal of medicine*, 27(2): 196-211.

WANSINK B, CHANDON P, 2006. Can "low-fat" nutrition labels lead to obesity? *Journal of marketing research*, 43(4): 605-617.

WILLETT W C, SACKS F, TRICHOPOULOU A, et al., 1995. Mediterranean diet pyramid: a cultural model for healthy eating. *The American journal of clinical nutrition*, 61(6): 1402S-1406S.

• 1903年爱尔兰糖尿病土豆黑客法

1903年的一本医疗杂志记载了给糖尿病人食用大量土豆以缓解相关症状的案例。莫斯（Mosse）医生注意到让糖尿病人每天食用大量土豆（最多6磅）可以使其血糖恢复正常，口渴症状消失，体质也逐步增强。莫斯医生认为土豆中含有的大量钾化合物是成功的关键（爱尔兰皇家医学院，2013）。

> 虽然一般认为糖尿病人不适合食用土豆，但事实上，土豆不但可以被糖尿病人食用，而且对他们非常有益。
>
> ——莫斯，1903

莫斯当年的论断到现在还时常被人提及。到处都有人建议糖尿病人绝对不要吃土豆。而对于状态控制良好的1型和2型糖尿病患者，人们总是建议他们少吃土豆（Feinmann等，2015）。但这是一条最好的建议么？

低脂饮食十分流行，但是很少有人能做到真正的低脂肪摄入。当我们在短时间内小心避开所有可能的脂肪摄入时，我们很快就看到了健康指数的上升和炎症反应的减少。而土豆黑客法可以很好地促进这些积极变化的实现。至少，不会有人认为短时间的极低脂饮食会让人产生炎症或使健康恶化。

卡路里的摄入及消耗

自18世纪节食盛行以来，卡路里摄入及消耗理论（CICO）就被认为是减少体重的重要原理。你们可能会对现代节食之父赛尔维斯特·格拉汉姆（Rev. Sylvester Graham，1795—1851）的减肥利器颇为熟悉，即格拉汉姆饼干。格拉汉姆发现人们食用当时新出现的白面包会发胖，于是就研制出了一种粗面粉饼干，并且声称这种饼干是一种素餐。格拉汉姆及其支持者们认为减肥的关键在于"管住嘴，迈开腿"。

虽然"管住嘴，迈开腿"的做法很难帮助人们减重，但是到今天还可以看到相关宣传。这种方法过于主观，难以发挥作用，但是其内在理念却是有效的。在土豆黑客法中，"迈开腿"是不被鼓励的，但是我们减重的速度却很快。

后来，一位好奇的科学家注意到1磅纯脂肪含有3 500卡路里的热量，这也就导致了一个错误的结论，即减少3 500卡路里的热量摄入就能减轻1磅的脂肪。这套"3 500卡路里理论"席卷了整个健康及减肥界，并且在全国范围内掀起了计算卡路里的风潮。

"3 500卡路里理论"在很多层面都存在谬误。它没有将时间或能量支出考虑在内。一个更好的减重预测模型使用的是随时间递减的卡路里：

> 在身体达到一个新的平衡状态时，每天每10卡路里能量摄入的永久性改变最终会使体重减轻1磅（即体重每变化1千克需要每天能量变化100千焦）。实现这个减肥效果的50%需要近1年，而实现95%则需要3年左右。

土豆黑客法是一个控制卡路里的方法，人们摄入的卡路里将降至平日的1/2或更少。这也就是说每天热量缺口在1 000～2 000卡路里。根据3 500卡路里理论，我们可以估算出每天大概可以减轻1/3～1/2磅的体重。而实际的减重则介于1/2～1磅。虽然3 500卡路里理论有谬误，但是减少食物摄入可以使人体燃烧体内储存的脂肪，从而降低体脂。在土豆黑客法期间，卡路里的计算也会更加精确。而在典型的西方饮食中，卡路里的精确计算是不可能实现的（Malhotra等，2015），不同的重量和加工方式等都会导致卡路里的计算错误（Van Rijn，2015）。

虽然卡路里摄入及消耗理论和"3 500卡路里理论"都不那么精确，但是却可以在土豆黑客法中作为减重的参考机制。在日常饮食中，人们很容易低估卡路里的摄入量，但是在土豆黑客法期间，计算卡路里摄入就相当容易了。

胰岛素敏感度

很多节食人士都在与胰岛素抗性作斗争。在胰岛素产生抗性时，饥饿感、脂肪囤积以及饱腹感都会受到影响。低碳饮食可以有效抑制胰岛素高峰，但是也会导致生理性胰岛素抗性（Ludwig，2002）。胰岛素抗性会诱发下述问题（Reaven，1998）：

- 大脑意识模糊和无法集中注意力
- 高血糖
- 肠胀气：大部分肠积气来源于人类无法消化吸收的碳水化合物
- 犯困，尤其是进食后
- 体重增加、脂肪囤积、减肥困难：对于大多数人而言，超重的原因是因为脂肪囤积过多；胰岛素抗性类人群的脂肪一般囤积在腹部器官内和周围，男女的情况都一样。目前怀疑这类脂肪中产生的激素就是胰岛素产生抗性的诱因
- 高甘油三酯
- 血压升高，很多高血压患者都伴有糖尿病或糖尿病前症状，并且胰岛素水平升高，这主要归因于胰岛素抗性。胰岛素的一个作用就是控制全身动脉血管的张力
- 心血管疾病相关的促炎症因子增加
- 抑郁：胰岛素抗性减缓了新陈代谢，从而引发一些精神疾病，例如抑郁，不过这种影响并不多见
- 皮肤病

传统的治疗胰岛素抗性的方法是运动和减重。当这个方法失效时，专家就提出了低碳饮食辅以药物（如甲福明二甲双胍、噻唑烷二酮类）的治疗方法。胰岛素抗性是糖尿病前的征兆，会快速发展为2型糖尿病。

那么，使用土豆黑客法3～5天为何可以重新恢复胰岛素的敏感性呢？似乎胰岛素敏感性的重新获得需要严格的生活习惯或药物介入。一个解释就是，肠道菌群在与肥胖相关的炎症和胰岛素抗性方面发挥着重要作用（Diamant，2011）。土豆黑客法可以高效并深入地应对炎症。我自己的观察是在土豆黑客法期间，我的空腹血糖（FBG）和餐后血糖水平都大大低于平时水平。

通过食用含抗性淀粉的饮食干预，可以快速恢复平衡并增加胰岛素敏感度（Robertson，2003）。土豆黑客法中就含有大量抗性淀粉。当人体被迫以一种受控的方式分解碳水化合物时，胰岛素敏感度就会重新恢复。持续大量地摄入糖分和淀粉则能迅速导致胰岛素产生抗性并患上糖尿病。有控制地食用土豆以及随后几小时伴有饱腹感的禁食，可以快速地让身体将所有碳水化合物送到合适的位置，并在碳水化合物消耗殆尽后燃烧体内脂肪。这正是我们所设计运行的方式，也正是整个土豆黑客法发挥效用的方式。

土豆黑客法也能很好的减少体脂，特别是动物型脂肪。近期一项研究表明，当胰腺堆积了脂肪时，胰岛素敏感性就会丧失，即使胰腺减少1克脂肪都能使人体恢复胰岛素敏感度

（Lim，2011）。从这个角度说，土豆黑客法在改善脂肪肝疾病和腹部脂肪方面也有所做为。

　　我对于2型糖尿病患者恢复胰岛素敏感度的速度感到惊讶。这些患者甚至可以在接受胃分流术的第二天就重新恢复胰岛素敏感度。数以百万的人们遵循医嘱避免碳水化合物的摄入或是使用药物。许多糖尿病前期的患者会迅速发展成2型糖尿病患者，并且终身无法治愈。在相关药物发明之前，土豆黑客法曾是一个治疗糖尿病的有效方法。

肠道微生物

　　人们都知道，抗性淀粉在健康及减重方面发挥着重要作用。与其他食物相比，我们大肠内的数以亿计的肠道细菌更加青睐以抗性淀粉为食，并分泌出丁酸盐作为回报。丁酸盐是一种脂肪，用于喂养肠道中结肠部分的细胞，当这些细胞处于健康状态时，就会创造出一个整体健康都有所改善的环境。

　　据测算，我们每天需要20～40克抗性淀粉，才可以分泌足够的丁酸盐来调节饥饿和改善健康（Ashwar，2015；Topping，2001）。在标准饮食中，很多人每天仅能摄入5克抗性淀粉（Nugent，2005）。一个重量达到0.5磅的熟土豆大约含2克抗性淀粉——不足以让我们的肠道细菌吃饱。然而，3磅煮熟放凉的土豆在重新加热或直接冷食的情况下，可以产生60克抗性淀粉。如果这3磅的土豆直接煮熟食用，也依然含有12克抗性淀粉，是大多数人日常摄入的3倍。因此，任何进行土豆黑客法的人都可以此生第一次经历摄入足量抗性淀粉。

在《丁酸盐和丙酸盐在防治食物引发的肥胖及游离脂肪酸受体3调节肠道激素的独立机制》一文中，描述了短链脂肪酸（如丁酸盐和丙酸盐）形成背后的强大工作机制，而这个机制在土豆黑客法中可以看到，文章内容如下（Lin，2012）：

> 总结而言，本研究发现丁酸盐和丙酸盐可以调节肠道激素释放、抑制食物摄入并防止食物引发的肥胖。我们同时认为游离脂肪酸受体3对于丁酸盐诱发的最大量胰高血糖素样肽-1是必需的，但是对于丁氨酸和丙氨酸相关的体重形成以及肠抑胃肽刺激却是非必要的。正如内分泌营养素感应系统和肠促胰岛素效应研究是代谢紊乱药物研发的焦点一样，未来关于促进短链脂肪酸发挥有效作用的信号机制的研究也可以对研发糖尿病和肥胖的新颖治疗方法产生重要影响。

另一篇相关文献是《短链脂肪酸对炎症的控制作用》，文中阐述了由肠道细菌产生的各种短链脂肪酸间的关系，并总结如下"短链脂肪酸在治疗炎症性疾病上的医疗应用值得重视"（Vinolo，2011）。

我在抗性淀粉章节对肠道细菌进行了更深入的研究。我坚信土豆黑客法的最大影响就来源于抗性淀粉。抗性淀粉对改善肠道健康具有化繁为简的神奇效果。土豆黑客法是世界上唯一一个可以提供如此大剂量抗性淀粉的饮食干预策略。

食物奖励理论

人类大脑已开发出"奖励中枢"，这一点对远古时期的人类非常重要，那时人类需要把握住每一分可获得的卡路里。但这种帮助我们祖先度过饥荒和严寒的化学反应，现在也是我们发胖的原因。很多新的节食法都是以感官的饱腹感为研究基础，或者说在口味受限的条件下，让人们感到饱足从而不再进食。

研究表明不同的口味，如甜、咸和酸都可以刺激大脑中各自对应的味觉中枢，这也就是你为什么在一顿可口的美味下肚后，虽然有点饱但仍有胃口再吃些甜点。一个著名的理论是一旦你激发了一个味觉中枢，那么你必须一直吃，直到这个味觉中枢感到满意为止。如果你同时激发了多个味觉中枢，那么就必须把它们全部喂饱（Singh，2014）。

其他的食物奖励理论还提到超美味的食物会掩盖人们饥饿的感觉。多巴胺系统有一种"动机成分"，正是这样的成分让人们对性、赌博和药物滥用不能自已（Appelhans，2011）。土豆黑客法就是试图带走这些超级美味。很多人表示，在土豆黑客法期间，他们有史以来第一次感觉不到饥饿了。

对暴食人群，或者那些无法抗拒大分量油炸食品的人来说，土豆黑客法可以让人们从美食的轰炸中暂时撤退。食品生产商们知道大多数人没法拒绝美食的诱惑，这时就需要用土豆黑客法来找回自控。

土豆格言

> 土豆淡而无味、不利健康、极易胀气、难以消化的特性，使其从上层社会的餐桌重新回到了平凡人家。平民习惯粗粮的坚强肠胃对一切可以使他们不再饥饿的食物都感到满足。
>
> ——罗格朗·迪奥西（Legrand d'Aussy）（1783）
> 《消化激情》，乔纳森·格林编纂（1985）

笔记

part 3

抗性淀粉和肠道健康

第**09**章 抗性淀粉的魔力

抗性淀粉（RS）应当成为它自身的"黑客"。我琢磨着至少应该用一章来单独写抗性淀粉。在知道食用土豆能够快速减肥之后，我发现土豆的抗性淀粉含量极高。土豆黑客法的全部成功很可能就是由于土豆中抗性淀粉成分含量很高决定的。

土豆中含有两类淀粉：直链淀粉和支链淀粉，其比例为2:8。土豆淀粉是颗粒物，消化酶不能将其降解。因此我们可以说：

> 抗性淀粉是在胃或者小肠中没有消化的淀粉，原封不动地进入了大肠。

这一平淡的定义或许是你所知道的最重要的事情之一。看起来这个叫做"抗性淀粉"的无害物质是一个巨大问题的简单解决方案：它可以喂养肠道微生物。几十年来，抗性淀粉已经被全面的研究过了，而且屡次宣称它是现代社会健康问题的理想解决方案。如果你发现你对自己说"为什么我才刚刚听说这些"，你不会是唯一一个有这样疑问的人。

我希望你问的下一个问题是，我真的需要抗性淀粉吗？答案是，绝对需要！

你或许认识到，你自己就有我经常描述的现代消化不良症状：频繁的胃灼热、便秘或拉肚子、消化不良、口臭、胃食管反流疾病（GERD）、肠道易激综合征（IBS）或者更糟。你甚至会有以下某种免疫疾病：如狂躁、糖尿病、代谢综合征或者癌症。

仅在美国，2009年受消化系统疾病影响的人就超过7 000万！这些疾病导致了4 830万人门诊医疗，2 170万人住院治疗，其中245 921人死亡。据估计，消化系统疾病的总成本达3 000亿美元。统计结果显示情况变得越来越糟，而不是越来越好。

据估计，超过9 000万美国人使用抗酸剂或者其他消化不良治疗药物。胃痛在自我治疗中排名第一，那些后半夜去沃尔玛的人促成了非处方药柜台陈列了长长的治疗现代肠胃不适的药物。

如果以上描述的情形你都没有，那么你就以某种不知道的方法喂养了你的肠道菌群，你已经为愉悦你的肠道菌群提供了多样化的食物——干得不错！但是，如果你对你的胃肠道或者免疫功能并不满意，在你的饮食中增加抗性淀粉就应该是正确的选择了。虽然食物科学家对抗性淀粉知之甚多，但对那些能够从抗性淀粉中受益的人来说，他们对它却知之甚少。

- ## 从未有过的革命

> 过去20年里，我们在碳水化合物对健康重要性的认识上，取得的一个主要进
> 展就是发现了抗性淀粉。
>
> ——联合国粮食及农业组织和世界卫生组织，1997

通常使用的抗性淀粉的定义几乎与"膳食纤维"的定义一模一样，这也是抗性淀粉没有引起医学界和公众对其关注的主要原因。抗性淀粉不是通常的膳食纤维，尽管它和膳食纤维具有相似的特征。抗性淀粉更加技术化的术语应当叫做"发酵淀粉"或者"益生淀粉"，但自从1982年被发现以来就一直被称作"抗性淀粉"。抗性淀粉对健康的作用不是立竿见影的，因此直到过去的5～10年，抗性淀粉对人类健康的巨大影响才被发现。养猪户是开发抗性淀粉健康功能的先锋，他们在饲养不使用抗生素的猪时发现抗性淀粉可以作为健康助推器。他们发现吃鲜土豆的猪比吃标准食物的猪更不易感染疾病。要不是猪农注意到这一点，抗性淀粉可能直到今天也不会引起人们注意。

抗性淀粉在许多方面区别于纤维，不应将它和营养标签上的膳食纤维混淆。我们看看膳食纤维的标准定义。

膳食纤维是植物食品中不易消化的部分。有两个主要组成成分：

- 溶解于水的可溶纤维。它容易在结肠中发酵成气体，是生理活动的副产品，对身体有益，可能是黏性的。可溶纤维会减缓食物通过胃肠道的速度
- 不溶于水的不可溶纤维。它代谢迟缓，在大肠里要么变成粪便要么发酵成为益生菌。填充纤维在通过消化系统时吸收水分以助于排便。发酵的不可溶纤维尽管不如填充纤维那样能促进排便，但也能在一定程度上促进规律的排便，能够很容易地在结肠中发酵成气体和生理活动的副产品。不可溶纤维可以加快食物通过消化系统的速度

从以上定义看，抗性淀粉看起来是另外一种类型的膳食纤维——但是把它叫做膳食纤维和把它跟其他所有膳食纤维混在一起无论何时都是一个巨大的错误。我希望近来对抗性淀粉的关注能促使人们将抗性淀粉归类为一种重要的食物成分，在营养标签上和人们心中拥有自己独特的位置。

2003年，世界卫生组织试图在它们的出版物《预防与饮食相关的慢性病人群营养素摄入目标》中为全球人类健康定义完美的饮食。他们推荐了大量的膳食脂肪、糖、碳水化合物和蛋白质，但在纤维方面，他们提到：

> 考虑到抗性淀粉的潜在保健作用，对膳食纤维的最好定义仍然待定。

13年前的这一表述，对世界卫生产生了巨大影响，也展示了现代医学令人难以置信的无知。抗性淀粉本应在过去10年里成为一个家喻户晓的名词。我们不要再为下一个动听的口号再等另一个10年了，我们立即行动吧！

- **五种类型的抗性淀粉**

  抗性淀粉被分为RS1～RS5的5个主要的类型，具体如下：

1. 1型抗性淀粉（RS1）

RS1是一种从物理上难以获取的淀粉，它存在于坚果的外壳、种子壳和其他食品基质的细胞壁里面。碾磨和咀嚼可以使这些淀粉更加容易获得和降低抗性。尽管吃整粒的种子非常有益于我们消化系统的健康，但RS1不是肠道菌群的主要食物来源，因为它们的保护性外壳难以被击碎，它们穿过身体时完全没有被消化。但外壳被击碎后，RS1变成了RS2。

RS1——中国种子、苔麸和燕麦

2. 2型抗性淀粉（RS2）

RS2是一种生的淀粉颗粒，有时叫作"天然淀粉"。这些淀粉颗粒在消化过程中由于自身的结构无法被消化。淀粉颗粒的结构对淀粉的抗性具有重要影响——如颗粒的外形、孔径的大小或淀粉对发芽的敏感性，它们的紧密结构阻止了消化酶和胃酸对淀粉的攻击，使它们能完整的到达大肠。当RS2加热到一定温度，通常是60℃，它就膨胀

RS2——生土豆

和破裂，彻底失去抗性。在土豆、生香蕉、芭蕉、芋头、木薯和大部分谷物中都发现了RS2。不是所有的原生淀粉都是抗性淀粉，例如玉米和大米淀粉大部分都很容易消化。尽管有其他好的替代物如绿豆淀粉和莲子淀粉，但本质上土豆和芭蕉中的抗性淀粉最多。

3. 3型抗性淀粉（RS3）

RS3是在烹饪后形成的回生淀粉或结晶淀粉。这类淀粉发现存在于烹饪并冷却后的土豆、面包皮、玉米片和冷寿司米饭中。RS3是非颗粒但能抵抗消化的淀粉。RS3非常令人感兴趣，因为它一旦形成之后可以抗高温。在大多数烹饪方法中，RS2被摧毁但RS3不受影响，在重复的加热和冷却的循环中RS3变得更加结实。RS3是抗性淀粉中最令人感兴趣的类型，而且它的"回

RS3——作者家自制的全麦面包

生"特性很容易被开发利用。当完全回生时，淀粉形成双螺旋结构，非常像我们的DNA，将水固定在它的内部空间里。在数小时的存储后，螺旋经历了一次聚合，形成热稳定的凝胶，能够抵御消化酶的攻击。在结肠中，RS3像消化缓慢淀粉／低血糖淀粉在小肠中那样——缓慢地长时间燃烧，把它的影响一直传输到结肠末端。

4. 4型和5型抗性淀粉（RS4/RS5）

RS4和RS5是人造、化学改性或者再聚合淀粉。在自然界中尚未发现有这类淀粉，但在食品工业中为了改变淀粉的特性，降低可消化性，使用得非常广泛。可通过化学变性来生产RS4，如转换、替代或者交联。RS4可以通过封锁消化酶和形成不规则的连接来阻止它被消化。RS4并没有显示出与RS2和RS3相同的特质，因为它是人造的，所以它不能完全分解。RS5是通过加

RS4/RS5——杰克的糖果

热和冷却加入了脂肪的淀粉来制造的。在油锅中重新加热冷却的米饭和土豆是在家制造RS5的简易方法。这一类型的抗性淀粉被食品工业广泛使用，以给加工食品一个更好的味道或者延长其保质期。在有明确的科学证据前，我建议远离RS4和RS5，关注食物中的RS1、RS2和RS3。

• 哪种抗性淀粉（RS）是最好的?

1型抗性淀粉不太合适，因为它存在于坚果的外壳有抗性。一旦外壳破碎，就成了2型抗性淀粉，如果进行烹饪的话就成了3型抗性淀粉。4型抗性淀粉也有点儿怪异，它是一种人造物质，被食品制造业广泛使用以增加预制食品的卖相和延长保质期，同时允许将这些食品列为"高纤维"食品。任何人都不需拿4型抗性淀粉来满足他们抗性淀粉的需要，我们的祖先肯定也没有!

吃整粒种子如浆果或亚麻籽是给你的结肠开出的获取抗性淀粉的一剂良方，但不是每个人都有分解种子坚硬外壳所需的细菌。如果种子是你日常饮食的一部分，实际上你将能够利用种子里面的1型抗性淀粉，因为你体内已经形成了"裂开"种子所必需的细菌。绝大多数人发现碾碎的种子使他们更容易消化，但也将抗性淀粉劈成了两半。

几百万年以来，2型抗性淀粉和3型抗性淀粉就是为我们肠道细菌提供动力的源泉。正如你能够想象的，当我们生活还非常原始的时候我们吃生淀粉，只吃2型抗性淀粉，后来我们学会了烹饪，开始吃3型抗性淀粉。至少一百万年以来，我们可能在饥饿和欢乐的时候既吃2型抗性淀粉又吃3型抗性淀粉。在控制了火的使用和实现更大程度的定居生活后，3型抗性淀粉用来喂养断奶的小孩，提供持续的膳食能量和喂养忙碌的猎人和牧民。你可以打赌，在祖先的灶台旁，剩饭绝不会被人嘲笑!

科学研究表明，这两种抗性淀粉有显著的差异:

- 3型抗性淀粉能稀释粪便中的氨气和其他粪便中的致癌物，而2型抗性淀粉无此功能，除非它与大量的不可溶纤维混合形成粪便时才有此功能
- 相比2型抗性淀粉，3型抗性淀粉能增加猪（但降低了小白鼠）对镁、钙和磷的吸收
- 2型抗性淀粉和3型抗性淀粉在结肠直肠癌发病和发展阶段以及结肠直肠癌的临床试验中呈现出混合的结果，如非洲土著吃熟玉米粥（3型抗性淀粉）与他们不患结肠直肠癌有很大的关系
- 流行病学的观察表明，3型抗性淀粉和淀粉（但不是传统纤维）的摄入能将结肠直肠肿瘤和癌症发病率降低25%～50%
- 3型抗性淀粉在缓解便秘方面比2型抗性淀粉和4型抗性淀粉都强
- 3型抗性淀粉在将氮的排泄从小便转移到大便方面比2型抗性淀粉强，这意味着对那些肾或肝有损伤的人来说，3型抗性淀粉比2型抗性淀粉更好
- 与4型抗性淀粉相比，2型抗性淀粉能够显著地促进直肠真菌杆菌的增长，直肠真菌杆菌能增加体内的丁酸盐。4型抗性淀粉能显著的增加双歧杆菌（在某些受试者体内发现增加了10倍）

过去30年里，成百上千次的研究里大多数研究都用来源于玉米和土豆的2型抗性淀粉，并获得了令人满意的结果。研究中用的3型抗性淀粉绝大多数都是回生玉米和木薯淀粉。极少有研究表明一种抗性淀粉来源比其他的好。我认为可以谨慎地在你的饮食中同时包含2型

抗性淀粉和3型抗性淀粉以满足你对抗性淀粉的需要，但也不要排除完整种子、豆类、谷物或者无麸质的谷物中的1型抗性淀粉。一个自然的方法最好就是模仿祖先的饮食模式……大部分吃新鲜淀粉，煮熟冷却后的淀粉以及一些生淀粉。其他补充食物可以保持或者帮助实现健康目标。

- **但是，抗性淀粉难道不是令人畏惧的FODMAP吗？**

你们中的一部分人可能并不知道什么是FODMAP。

FODMAP是"低可发酵寡聚糖、二糖、单糖、多元醇"的简写，肠道疾病病人的饮食需要限制FODMAP，但问题是FODMAP是有效的益生元，排除了这些复合物本质上会使肠道细菌挨饿。尽管具有短期的好处，但从长期来看不利于肠道健康。

技术上讲，抗性淀粉不是FODMAP，但"F（发酵）"类里有它，因为它是发酵物质。实际上，它很容易被叫做"F"饮食——并不是为分类，而是为了避免与其他所有发酵的物质相混淆。

如果你严格遵循非FODMAP饮食，你会希望在你的饮食清单里加上抗性淀粉。你对所有肠道细菌喜爱的食物都敬而远之——这对数万亿无辜的旁观者（指肠道细菌）来说是残忍的和非同寻常的惩罚，你现在也想重新掂量下这样做是否值得。尽管你可能会享受FODMAP限制所带来的心理满足，但对你的肠道菌群来说却代价巨大。找到并摧毁那些令人厌恶的病原体，开始尽情地吃益生元吧。

- **抗性淀粉之父**

1982年，Hans N. Englyst在试图测量膳食纤维时创造了"抗性淀粉"这个术语。他发现，特定的淀粉颗粒阻止了他试图在试管中重现消化过程的愿望，他将未消化的那部分命名为"抗性淀粉"。从这一点来看，对研究者来说抗性淀粉是个小麻烦，但Englyst连续发表了数篇论文讨论抗性淀粉和测量抗性淀粉的方法。

首先，Englyst用回肠造口术患者来测量抗性淀粉。回肠造口术患者提供了测量未消化淀粉的完美方法，因为遗留在他们小肠中的食物集中在一个袋状物里，可以检查任何没有被消化的东西。Englyst使用回肠造口术方法得出的绝大多数抗性淀粉内容列表今天仍然在使用，而且是现代抗性淀粉测试比较的"黄金标准"。

- **抗性淀粉的含量有多少？**

短时间内你不会看到将抗性淀粉列入营养标签，因为抗性淀粉难以测量。就拿土豆来说，当生土豆被煮熟、冷却和多次重新加热后，其抗性淀粉含量改变巨大。土豆品种和烹饪方法不同都会影响抗性淀粉含量。除了分辨出深度加工的快餐食品和烘焙食品外，你最好还能简单地辨别哪种食品中抗性淀粉含量高，以及为了你的健康如何最大化地利用它们所含有的抗性淀粉。

除了简单的回肠造口术口袋法（ileostomy bags）之外，目前已经发展出了好几种测量食品中抗性淀粉含量的方法：

- 贝里法，来源于Englyst用猪的胰酶做得实验，该法被认为是不可靠的
- 钱普法，修正了贝里法，纠正了它的pH值和温度，给出了一致的抗性淀粉测量
- Muir和O'Dea使用了类似的方法，但食物首先由人类自愿者先咀嚼
- Bednar和他的同事在2001年开发了测量抗性淀粉的一种新方法，他们将狗的消化系统进行了改造并通过外科手术植入试管，以此来测量不同阶段的抗性淀粉水平。这一方法非常精确，但并不流行
- AOAC2002.02法是目前测量抗性淀粉的标准方法

美国农业化学家协会2002年采用了美国分析化学家协会（AOAC）的AOAC2002.02法，并将其描述如下：

> 在温度为37℃的环境里，胰淀粉酶和淀粉葡糖苷酶（AMG）共同作用16小时，能将淀粉溶解和水解于葡萄糖。在加入酒精或者工业用甲基化酒精（IMS）后这一化学反应将结束，抗性淀粉通过离心法会恢复成为小球状。通过在冰水浴中大力搅拌，小球中的抗性淀粉将溶解在2摩尔的氢氧化钾（KOH）中。这一溶液与醋酸盐缓冲液中和，在AMG的作用下淀粉定量水解于葡萄糖。葡萄糖氧化酶—过氧化物酶法（GOPOD）可以测定葡萄糖，即测量了抗性淀粉含量。抗性淀粉（可溶淀粉）的测定是通过将原始的上清液和混合液放在一起，用GOPOD法测量其中葡萄糖的含量来实现的。

即使使用这一大家公认的标准，不同实验室的测试结果仍然存在差异，它们使用的专业术语对普通消费者理解起来仍然困难重重。

在采用这一标准之前，AOAC将完全相同的生香蕉、土豆淀粉、玉米片、芸豆和几种类型的4型抗性淀粉样本发送到37个不同的实验室，让他们进行独立测试。测试结果虽然显示了总趋势的一致性，但各实验室的测试结果存在明显差异。例如，37个实验室使用原样法测定的生土豆淀粉中抗性淀粉的含量平均为63%，其最小值和最大值分别为56%和76%。

为表现其复杂性，所有实验室用三种方法提供了他们的数据：原样法、干重法和抗性淀粉占总淀粉的比例。将三种方法的数据进行比较，37个不同实验室的数据如下：

生土豆淀粉中的抗性淀粉含量——AOAC2002.02法

- 原样法：62%
- 干重法：72%
- 总淀粉中的抗性淀粉含量：73%

- 作为参考，这里提供了使用其他不同方法测试的生土豆中的抗性淀粉含量（都用抗性淀粉占总淀粉的比例表示）
- 回肠造口病人研究：最高达83%
- 冠军法：87.5%
- 志愿者预先咀嚼食物法：66%
- 消化犬模型法：68%

正如你所见，确定抗性淀粉的实际值并不是一门精确的科学。但使用AOAC2002.02法，至少可以作为所有抗性淀粉测试的共同参考标准。

另一个关于抗性淀粉测试尤其是3型抗性淀粉测试的问题是，该种测试需要进行加热和冷却循环，这样形成的3型抗性淀粉会比原始样本中的3型抗性淀粉多，因此会影响测试结果。

• 抗性淀粉能为我们做什么？

过去30年里，对抗性淀粉的作用有成百上千的研究：

- 改善肠道健康
- 降低pH值
- 增加皮膜厚度
- 杀死癌细胞
- 降低餐后血糖
- 增加胰岛素敏感性
- 减肥和防止体重反弹
- 降低肠道和整个身体的炎症发病率
- 降低乳腺癌和直肠癌的风险
- 降低胆固醇／甘油三酯
- 增加脑神经递质血清素和褪黑素的生产
- 排除小肠中的特定病原体
- 保留体内的维生素D
- 增加矿物质和维生素的生产和摄取
- 从血液去除毒素和重金属
- 增加饱腹感和调节饥饿荷尔蒙
- 减少餐后的脂肪存储
- 改善肠道微生物（协同性、益生元和合生元）
- 保护益生菌

仔细看研究中发现的抗性淀粉益处的清单，你几乎可以发现，抗性淀粉简单的物理特性与它对维持肠道微生物健康的深层次作用之间存在线性关系。这也正是在肠道微生物测试方法层出不穷的同时，生物科学取得进展的原因。许多之前结论模糊的课题目前被再次研究，关注抗性淀粉是如何影响微生物的，当以这种视角来重新研究时，这些研究取得了成功或者找到了之前它们失败的原因。

关于增加你饮食中的抗性淀粉，下面是几个非常普遍的、经过充分研究而且备受追崇的研究成果：

1. 血糖反应和胰岛素敏感性

或许抗性淀粉被研究得最广泛的作用和其最大的"卖点"就是它能够控制血糖。从被充分证明的"第二餐效应"到完成对2型糖尿病的逆转，抗性淀粉对许多人来说本应是天赐的礼物，目前也正在广泛研究将抗性淀粉介绍给大众的方法。这些研究瞄准了不同类型的抗性淀粉，发现它们在控制餐后血糖峰值方面同样有效，抗性淀粉发挥了血糖水平稳定器的作用。

其他知名的研究显示抗性淀粉增加了"整个身体对胰岛素的敏感性"。由于胰岛素抗性与糖尿病和心脏病并发症密切相关，因此这仍然是抗性淀粉研究的前沿领域。将在饮食中加入了抗性淀粉引起的血糖变化和接受了胃旁路手术的糖尿病人的血糖变化进行比较，几乎立刻就能看到前者胰岛素敏感性增加，这与肠道细菌微生物的变化密切相关。

2. 体重调节

作为节食产品，抗性淀粉仍然略逊一筹。它并不像吃减肥药那么简单，这方面的研究结果也并不明确。但关于抗性淀粉和体重的关系研究结论非常明确，就是当用抗性淀粉喂养肠道细菌时，抗性淀粉将尽一切力量帮你保持健康苗条。那些只简单看体重的研究通常看不到体重的减轻，因为抗性淀粉实际上能够促成更重、更厚和更健康的肠道，并增加了生活在肠道中的细菌数量——这种体重的增长是任何人都乐于看到的。另一个令人感兴趣的抗性淀粉研究领域是，将它与锻炼减肥相比，发现在甩掉相当多的脂肪后，抗性淀粉比持续的锻炼更不易反弹——因为肠道微生物受到了更好的饥饿信号和脂肪储存激素的驱使。抗性淀粉的额外惊喜表现在减肥后，清晰地表现出使肌肉增长和远离脂肪储存的趋势——这是改善胰岛素敏感性的主要目标。

你或许听说过"皮质醇"，一种通常妨碍减肥和肌肉塑形的压力荷尔蒙。但皮质醇敌不过抗性淀粉，在以抗性淀粉为补充剂的饮食中，皮质醇的形成被放慢了，这有助于解释体重反弹幅度的降低以及整个身体能量代谢的放缓。

3. 炎症

有许多研究关注抗性淀粉的消炎作用，几乎所有对肠道微生物的研究都表明肠道细菌在消炎方面作用巨大。这些关注消炎的研究确定地表明，在饮食中添加抗性淀粉减少了肠道和整个身体的炎症。随着关于肠道细菌和炎症的关系更加明朗的新证据出现，这一领域无疑将得到进一步拓展。炎症是心脏病、糖尿病、肥胖症和其他许多疾病的罪魁祸首。抗性淀粉就是解开炎症背后秘密的钥匙之一。

4. 胆固醇和甘油三酯

　　长期摄入抗性淀粉降低了低密度脂蛋白（不好的蛋白）胆固醇和甘油三酯的水平。这就是你们需要知道的全部了。抗性淀粉也降低了空腹血清甘油三酯和胆固醇水平，降低了肝脏甘油三酯和胆固醇水平以及脂肪组织中的甘油三酯。此外，持续摄入抗性淀粉会减少肝脏中控制胆固醇生产的基因，增加清扫胆固醇的基因。

5. 肠道健康

　　早期对抗性淀粉的调查集中于它对肠道环境的积极改善，如pH值是否降低和生产的丁酸盐是否增加。上述两种改变都会降低肠道内致病菌的水平并改善肠道功能。越来越多的研究关注喂养良好的肠道微生物所产生的积极作用，抗性淀粉的重要性也随之大幅上升。许多二十世纪八九十年代的研究被重新设计，将关注重点放在了肠道微生物上，尽管有些测试方法今天已不再使用，但这些研究被证明还是很有远见的。

　　在许多早期研究中，研究人员对为什么抗性淀粉实验结果在不同的研究者之间差异很大感到非常迷惑。关注以抗性淀粉为食物来源的微生物的现代研究发现，在抗性淀粉被充分利用之前，必须存在某些关键的微生物。例如当肠道微生物布氏瘤胃球菌非常多的话，抗性淀粉会引起有益的肠道微生物双歧杆菌和芽孢杆菌的大幅增加。当缺乏布氏瘤胃球菌的时候，没有发现双歧杆菌和芽孢杆菌有任何变化。这一发现导致了肠道细菌对抗性淀粉发酵的新理论。其中一个叫做"关键物种"的理论认为，抗性淀粉不是简单地被许多不同的微生物发酵，而是选择性地定位于很少几种"关键"物种。抗性淀粉的共食者快速消费了发酵的副产品，这会产生对肠道健康非常重要的化学物质和复合物。

6. 癌症

　　过去3年，几乎所有对抗性淀粉的研究都集中于它对癌症的预防和治疗——不仅是直结肠癌，而且包括乳腺癌和用抗性淀粉作为化疗促进剂。

　　研究表明，抗性淀粉能够通过刺激短链脂肪酸的产生，来减少人类结肠癌细胞的存活。当癌细胞暴露在抗性淀粉促进生产的高剂量的丁酸盐中时，它们会被DNA碎片杀死，也称为细胞凋亡。饮食中抗性淀粉的含量很高的话，可以阻止癌细胞的形成。

　　几年前，有报道称吃红肉会致癌。但没有广泛报道的是，研究表明当抗性淀粉和红肉一起吃，癌细胞可能不会形成，红肉的破坏性影响也被消除了，在饮食中包含了抗性淀粉后，那些红肉引起的处于风险中的肠道细胞变得更加健康了。

研究人员通常给动物注入强致癌物，在抗癌测试后评估它们的健康状况。有一个这样的研究比较了天然淀粉2型抗性淀粉和人造淀粉4型抗性淀粉的抗癌特性。在一对一的比较中，天然淀粉在发酵和抗癌特性方面打败了人造淀粉。但是，在另外的研究中，2型抗性淀粉和4型抗性淀粉对抗癌同样有效。

由于其"抗性"本质，抗性淀粉用于化疗，在消化过程中保护抗癌药使其到达癌症目标细胞。当某一天药物外面能包裹一层特定厚度的抗性淀粉时，这种精准定位的方法对治疗肠道癌将产生深远的影响。

最后，乳腺癌已经受益于抗性淀粉治疗。对雌激素疗法的妇女来说乳腺癌是一个巨大的担忧——最近的小白鼠试验研究表明，抗性淀粉能使乳腺癌细胞减少，改善它们体内的雌激素代谢循环。为了获得抗性淀粉对乳腺癌和其他癌症的好处，只需简单地吃抗性淀粉含量丰富的食物。

7. 保留维生素D

另一个新近的研究发现，当饮食中抗性淀粉含量较高时，维生素D缺乏症得到了改善。这对1型和2型糖尿病患者尤为重要，因为他们的肾脏功能受损，尿液中维生素D含量很高。糖尿病现在变成一种流行病，研究表明抗性淀粉能够缓解糖尿病，甚至可以最终治愈。

8. 附着／封装技术

抗性淀粉技术中一个令人感兴趣的优势是在消化前它与活的益生菌产生的协同效应。抗性淀粉通过配体模仿"捕获"附近微生物的能力令人吃惊，这一用于治疗霍乱病人的方法也用于保健品行业的益生菌封存。

通过名为"微胶囊化"的现代发明，小颗粒的抗性淀粉外面可以包裹有益细菌菌株，反过来，这些有益细菌菌株外层又包裹了更多抗性淀粉。这为活体组织生活更长的时间提供了保护和食物，也为通常会被胃酸和消化酶摧毁的对大肠有益的活体细菌提供了保护。早期为了得到抗性淀粉和益生菌的协同效应，用的是具有很高含量抗性淀粉的冰激凌，以便利用低温保证益生菌菌株的存活。但是这些方法被更受欢迎的微胶囊化取代了，最近冰激凌法又回归了，2013年的研究表明冰激凌法显示了非常高的稳定性。

对愿意冒险消费抗性淀粉的家庭发烧友来说，抗性淀粉封存微生物的特性可以用来增强你昂贵益生菌保健品的效用。将你的益生菌保健品与包含了一汤匙生淀粉如土豆淀粉、芭蕉淀粉或者木薯淀粉的冷液体简单地混合搅拌，然后喝下去，或将胶囊型的益生菌丸倒入混合液体中，效果也会很好。如果你喝酸奶、红茶菌或卡瓦斯，加一汤匙抗性淀粉在里面，这将增加这些已有菌群到达你大肠并以你大肠为家的可能性。

- **我们吃多少？其他人怎么办？**

随着全球癌症和疾病率上升，研究人员考察了不同人群的饮食。现代文明国家的饮食中有一个共同点就是他们都明显缺乏抗性淀粉。在2004年，AOAC调查发现全球每天消费的抗性淀粉是7克，美国和西欧国家消费量排名靠后，而欠发达国家消费量排名靠前。

  - 瑞典：3.2克
  - 美国：4.9克
  - 意大利：8.5克
  - 中国：14.9克

- **不新鲜的玉米粥**

有如此多的因素在发挥作用，很难找出简单的联系。但2007年做了一个真正伟大的研究比较结直肠癌发病率相对较高的非裔美国人和结直肠癌发病率非常低的过简单乡村生活的非洲土著。

研究考察了17个非裔美国人和18个非洲土著的饮食和生活方式。结直肠癌发病率在非洲土著中低于万分之一，在非裔美国人中为万分之六点五。仔细分析发现，有几个差异非常明显：最明显的是非洲土著消费了更多的抗性淀粉。非洲土著的主食是玉米粥，这也是他们碳水化合物的主要来源，其中含大约20%抗性淀粉。他们每天摄入50克抗性淀粉，而非裔美国人每天摄入的抗性淀粉不到5克。

对非洲农村饮食的考察表明，他们相对缺乏膳食纤维，但抗性淀粉摄入量很高，这保障了他们的结肠对癌症具有抗性。令人感兴趣的是，不仅是主食（玉米粥）的选择，而且传统的制作方法也是抗性淀粉摄入量如此高的原因之一。非常典型的是，玉米粥是玉米面在沸水中加热熬制的。熬好的玉米粥会存储多日，吃的时候是冷的，这导致形成了3型抗性淀粉。吃了玉米粥之后，3型抗性淀粉发酵成短链脂肪酸，会增加有益的肠道细菌从而使结肠更加健康。

此外，在1986年的研究中，这些吃不新鲜玉米粥的同一组人当时被定义为简单的高纤维饮食者，他们粪便的pH值非常低，而这是肠道健康的指标，美味的玉米粥使他们远离了大肠癌。

- **澳大利亚悖论**

之前我就说过不要将抗性淀粉和膳食纤维混淆。澳大利亚悖论就说明了我的观点。将近30年以前，澳大利亚面临危机——在所有"文明"国家中，澳大利亚是高结肠癌（肠道癌）发病率的国家之一。考察他们的日常饮食后，非常清晰的一个结论是他们缺乏膳食纤维。澳大利亚科学研究机构澳大利亚联邦科学和工业研究组织（CSIRO）开始采用系统性的方法来

增加澳大利亚人的膳食纤维摄入。通过研究、广告和培训，现在澳大利亚人人均膳食纤维摄入量高于其他西方国家……但他们的肠道癌发病率仍然很高，显然是什么搞错了！这一似乎不匹配的现象被称为"澳大利亚悖论"。高膳食纤维的饮食应当降低而不是增加结肠癌发产率。

农村地区的非洲土著吃着抗性淀粉高而膳食纤维低的饮食，其结肠癌发病率低于万分之一。吃抗性淀粉低而膳食纤维高的澳大利亚人结肠癌发病率却高达十二分之一。

正如你所想，CSIRO正在将注意力从膳食纤维转移到抗性淀粉。他们发布了每天20克抗性淀粉的推荐标准，这是全球第一个推荐标准，他们开始与食品生产商合作在食品供应中增加抗性淀粉含量。

- **丁酸盐悖论**

另一个结肠癌研究中的悖论称为"丁酸盐悖论"。丁酸盐是由高度发酵的来源于膳食纤维残留物的肠道微生物形成的，如抗性淀粉、燕麦麸皮、果胶和瓜类的残留物。抗性淀粉比其他类型的膳食纤维持续生产了更多的丁酸盐，但抗性淀粉和其他主要的丁酸盐生产者一样，在大多数人的饮食中都非常缺乏。丁酸盐在正常细胞中的作用完全不同于它在癌细胞中的作用——丁酸盐悖论。

在正常的结肠细胞中，丁酸盐具有消炎和促进健康的作用。它对癌细胞有相反的作用——丁酸盐引起癌细胞自我毁灭和死亡。对癌细胞暴露在丁酸盐中消亡的原因我们知之甚少。最近提出了一个假设：

在正常和健康的大肠中，丁酸盐是一种首选的能源。但在缺乏丁酸盐的情况下，这部分归因于"西方饮食"，葡萄糖就成为结肠生存的替代能源。当结肠细胞进化到适应了葡萄糖时，就引发了基因操作，使得结肠细胞失去了关键的基因功能，甚至失去了经历程序性细胞死亡的能力。因此，这些细胞可能会被认为是"正常的"，以至于在重新引入初始或者健康的环境即丁酸盐浓度较高的环境时，这些结肠细胞将不能快速适应，因为它们的基因构成已经改变了。因此，它们将经历丁酸盐引起的细胞凋亡，正如在许多体外研究和动物研究中所见的那样。

总之，丁酸盐悖论的答案就是吃更多的抗性淀粉和其他能产生丁酸盐的膳食纤维。没有稳定的丁酸盐供给，结肠细胞就会寻求其他能源，其行为就变得不正常，它们失去了自我毁灭的能力转而成为癌细胞。正常细胞的定期自我毁灭保持了结肠健康和使人类远离癌症。结肠缺乏丁酸盐很快就会致病。如果充斥着抗性淀粉，结肠会很乐意，并长期提供无故障服务。

• 碳水化合物差距

营养健康科学发现的另一个主要差异是我们对丁酸盐的需求和日常饮食能为我们提供什么。长期以来的推荐是每天摄入20～30克膳食纤维对产生我们所需要的丁酸盐就足够了，如果摄入的是高度发酵的能产生丁酸盐的膳食纤维类型的话可以，但悲哀的是事实是不是。绝大多数人饮食中的膳食纤维主要是称作非淀粉多糖（NSP）的纤维素和植物细胞壁，而NSP只生产非常少的丁酸盐。低聚糖（OS）诸如菊糖和果胶比NSP产生的丁酸盐要多，但在自然界中并没有大量发现低聚糖。

据计算，为了满足我们的丁酸盐需求，每天需要消费80克膳食纤维，而且所有的膳食纤维都要是高度发酵的。正如本书之前所讨论的，我们的一些先辈每天吃超过130克的发酵纤维——这一壮举今天我们很难实现。绝大多数人每天摄入15～20克膳食纤维甚至产生不了我们需要丁酸盐的25%，加入20～40克抗性淀粉将能很好地补齐这一差距。

• 祖先的先例

在整个人类历史中，我们享受了抗性淀粉的好处。无论是偶然的、幸运的还是有意为之，都不可否认抗性淀粉是我们过去饮食的一个重要组成部分。

在我们走出非洲之后，第一个定居的地方到处都是棕榈树。棕榈科是地球上古老的植物家族中的一员，早期的许多社会群体形成了与各种棕榈科植物协同发展的生活方式，包括：

- 海枣（枣椰树）：撒哈拉以南非洲的阿拉伯人
- 帕尔米拉棕榈（糖棕）：印度南部的居民

- 伦塔尔棕榈（贝果木）：印度尼西亚罗托岛民
- 椰子（可可椰子）：印度—太平洋岛民
- 油棕：西非人
- 西米棕榈：马来西亚人
- 莫里契棕榈（曲叶矛榈）：美国古印第安人

这些棕榈树都含有大量膳食纤维，特别是抗性淀粉。例如，公元前2500年引入稻米之前，西米棕榈是整个南亚地区的主要生活资料。西米棕榈是令人吃惊的抗性淀粉工厂。在它生命的早期，它看起来像一株很矮的没有树干的棕榈树，当长到10年的时候，其树干高达20~30英尺[1]，之后开花和死亡。在开花之前的一年，树干中填满了高达2 000磅且容易提取的淀粉。这种淀粉是独一无二的，因为它容易分离和干燥，当烹饪和冷却后，它退化成这个星球上最稳定的一种3型抗性淀粉。用西米棕榈树的淀粉制造的产品能够保存极长的时期，它帮助马来西亚的航海人穿越马来群岛，航行到很远的海域。目前，马来西亚每年出口25~40 000吨西米棕榈树的淀粉产品到世界各地。

2型抗性淀粉的最好来源之一是亚洲山坡上生长的山药，也称日本山药、中国山药和朝鲜山药。山药在日本面条托罗罗乌冬面和荞麦面中经常被使用到，作为煎饼面糊的黏合剂。磨碎的山药在日本被称为托罗罗。在托罗罗乌冬面和荞麦面中，托罗罗通常与其他成分混合，其他成分通常包括梅汤（肉汤）、芥末和大葱。中国、日本、越南、朝鲜和菲律宾也吃托罗罗。生的中国山药是抗性淀粉的一个非常好的来源，研究结果如下：

> 我们考察了包含抗性淀粉的生山药对小白鼠脂质代谢和盲肠发酵的影响。生山药和煮山药分别包含33.9%和6.9%的抗性淀粉……这些结果表明生山药是抗性淀粉的一个有效来源，有利于产生短链脂肪酸（SCFA），特别是丁酸盐。

我们过去消费了充足的2型抗性淀粉：

- Horchata de Chufa：一种油沙豆淀粉饮料，今天全球仍然有很多人喜欢饮用
- Fufu：一种用木薯根制作的非洲人食用的淀粉面团
- Chicha：与Horchata de Chufa类似，但是是用玉米制作的
- Chuno：一种脱水马铃薯，安第斯山脉人的主食
- Tororo：用亚洲山药制作，通常和纳豆一起吃
- 坚果和种子，可能人类历史上每一个文化都喜欢咀嚼生坚果和种子。全球的人们普遍喜欢享用葵花籽、南瓜子、亚麻籽、各种坚果和花生，它们有助于肠道健康

此外，有许多摄入3型抗性淀粉的证据：

---

[1] 1英尺≈30.48厘米，下同。

- 山药蛋糕

- 干的、烹饪的块茎，如土豆片

- 残羹剩饭

可能过去多年里，"残羹剩饭"是3型抗性淀粉最大的供应来源。

• 卡路里计数器——不用担心！

在计算总卡路里或者碳水化合物的卡路里时，对抗性淀粉的处理略有不同。小肠不吸收抗性淀粉，因此抗性淀粉不直接为你的身体提供能源（卡路里）。但抗性淀粉在大肠中转换为了短链脂肪酸。这些脂肪酸要么被血液吸收，要么被结肠中的细胞用作它们活动的能源。

通常认为，每1克抗性淀粉为人类身体提供大约1.5卡路里的能源。因此，每天摄入40克抗性淀粉只会产生60克"脂肪"卡路里而不是"碳水化合物"卡路里。

• 迈向日常需求

尽管美国和其他许多国家没有官方政策，但澳大利亚官方推荐每天至少食用20克抗性淀粉。我们发现许多研究都使用每天20～50克抗性淀粉来实现结肠健康和与抗性淀粉有关的其他方面。除了一些研究体验者出现产生过多气体或胀气的情况，抗性淀粉的摄入没有上限，但摄入的任何多余淀粉都会在没有被消化的情况下就直接通过整个消化系统，对身体没有任何伤害，然后排出体外。

在没有任何官方指导的情况下，我倒愿意提供以下建议：

- 每天精选一些大豆、水稻、土豆、香蕉、芭蕉、甘薯、南瓜和其他已知抗性淀粉和菊粉含量丰富的植物食用

- 用能最大化抗性淀粉值的方式来制作你的淀粉类食物，如烹饪和冷却，生的或者干燥的

- 作为补充，可以添加1～2汤匙土豆淀粉、玉米淀粉或者香蕉粉。把它们加在冰沙或者加在水／酸奶中。大多数人发现加1～2汤匙看起来成了甜点，但不用担心，多加点或者少加点都可以。许多人喜欢每天加4汤匙，而其他人只加1汤匙。发现你自己的"甜点"

在补充抗性淀粉的时候，一开始慢点，以你自己的方式来补充，这将给你的肠道细菌有时间来适应新的食物源。

土豆格言

过去20年里，我们在碳水化合物对健康重要性的认识上，取得的一个主要进展就是发现了抗性淀粉。
——世界卫生组织，1997

笔记

第**10**章 土豆淀粉：
扩散的疯狂白色粉末

尽管土豆淀粉是一种抗性淀粉，但我认为其在本书中值得专门一章介绍。土豆淀粉可以作为低纤饮食的膳食补充剂。我本人就是使用土豆淀粉补充益生元膳食纤维的忠实粉丝。土豆淀粉可以在超市的烹饪品区或亚马逊商城买到，还有有机种类供挑选，每天一至两勺就可满足肠道健康对膳食纤维的需求。

几年前我无意中开始了所谓的"十年减肥征途"，当时用的还不是土豆黑客法，而是土豆淀粉法。我发现常见于超市烘培货架的普通老式土豆淀粉是一种很好的促益生菌发酵纤维，而现在全世界人们都在用土豆淀粉促进肠道健康。

本章的知识是近30年来科学界已熟知的常识，但直到现在才走出医学界，跨入普通大众的视野。营养学家、医生和大部分公众都意识到抗性淀粉是某种"东西"，但对如何利用不得而知。"纤维"是人们更为熟悉的叫法，但随着它更多地沦为营销而非健康概念，"纤维"这种叫法也不太流行了。

土豆淀粉可以用于解决很多现代健康问题。我们依赖抗生素、崇尚过度清洁的生活习惯，电子化的、快节奏的生活方式迫使我们离不开药物，也加速了我们的衰老。肥胖、糖尿病和心脏病正威胁着我们的生命，并给社会医疗保障体系和个人经济支出带来沉重负担。我们的大部分问题从口入开始，但却没有引起足够的关注，土豆淀粉是一剂良方，它安全、富含抗性淀粉，而且易得、便宜和有效。

新闻和杂志中提到的抗性淀粉

2007年左右，抗性淀粉开始成为新闻，不时有主流媒体报道抗性淀粉在改善人体健康方面的潜力。这些报道有时得出结论说抗性淀粉可从土豆沙拉、大米和玉米片中获得，但有一个问题，其实这些食物中抗性淀粉的含量很低。

2007年一项关于用生土豆淀粉当猪饲料的研究使我想到可能有比土豆沙拉更好的抗性淀粉来源：

> 目标：
> 通过猪的模拟实验，研究长期摄入抗性淀粉对人体结肠发酵、肠道形态和肠道免疫指标的潜在影响。

方法：

连续14周对16只生长期的猪喂食生土豆淀粉（RPS：抗性淀粉）或玉米淀粉（CS：消化淀粉）。从消化物的物化特性以及肠道形态等方面，对不同饲养方式在结肠中产生的效果进行评估，包括淋巴细胞浸润性、细胞凋亡和增生活动等指标。同时做了血液学和血液白细胞亚群的分析。

结果：

97天后，喂食PRS的猪的消化物多于喂食CS的猪，PRS猪长了肥厚的肌层。PRS猪在近端结肠内的丁酸盐含量是CS组的两倍，在肠道隐窝、固有膜、结肠淋巴结的细胞凋亡数量也低于CS组。抗性淀粉的发酵降低了与上皮细胞膜损伤相关的指数，如隐窝细胞增生和镁排泄，而同时增加了促进上皮保护的硫化粘蛋白水平。上皮T细胞、血液中白细胞、中性粒细胞、淋巴瘤细胞，主要是淋巴瘤辅助T细胞的数量减少。

结论：

长期食用抗性淀粉能有效改善结肠环境，减少结肠损伤，提高黏膜完整性，降低结肠和全身性免疫反应，这些很可能对抑制炎症有好处。

这项研究使我大开眼界，当他们用生土豆淀粉喂猪，猪的肠道功能超过了人类。此类实验中经常用到猪，因为它们的肠道系统与人类很相似且便于进行解剖研究，而这类方法对人是无法实施的。

该研究对我非常重要。猪被喂食生土豆淀粉，而我们被建议食用土豆沙拉，这听起来合

40克生土豆淀粉

理，实则不然。抗性淀粉的产生是有差异的。生土豆含有2型抗性淀粉，而冷却的熟土豆含有3型抗性淀粉。2型抗性淀粉可以在青香蕉、芭蕉和麦片谷物中找到，它看起来是猪肠道中起主要作用的物质，但是很多研究发现，对于人类健康来说，每天食用20～40克2型和／或3型抗性淀粉才会奏效。

通过简单计算可以发现，为了达到上述每天20～30克的2型抗性淀粉需求量，你需要一天吃掉一整个生土豆或几根青香蕉，当然你也可以从冷土豆沙拉中获取3型抗性淀粉，但你需要吃掉2～3磅才行。如果你坚持3～5天的土豆黑客法，你就能获取大量抗性淀粉，可一旦恢复正常饮食，你将很难摄取抗性淀粉了。

这就是一种两难：青香蕉很难吃，生土豆也一样。难道每天我们得吃掉3磅的土豆沙拉吗？如果真这样吃，那你可能会胖的和猪一样！因此通过饮食摄取抗性淀粉并不容易。

然而，有一个神奇的解决办法，它太简单了，以至于被每个读过抗性淀粉研究报告并将生土豆淀粉作为抗性淀粉来源的人忽略了：生土豆淀粉其实是一种普通而便宜的烘焙原料。

安全性

这种有助于肠道健康的方法不可能那么简单，是不是有什么地方搞错了……当然你不可能指望买一包便宜的土豆淀粉，然后期待它对你受伤并脆弱的肠道产生奇迹，但是它又确实与其他饮食干预方法一样安全。当然，对有些人可能不是个好方法，也不能对所有人都起效，我将对此加以解释并给你一些选择，但是土豆淀粉是个很好的开始。土豆淀粉并不是完美无缺的，但它有利于开阔眼界并在一些圈子里引起轰动。看看至今为止我找到的人们对于土豆淀粉安全性的评论吧。

1969年正是在尼克松总统命令下，美国食品药品监督管理局一般公认安全物质审定委员会发表声明，表示土豆淀粉是非常适合的食物。这个总统特别委员会所述如下：

> "从目前情况来看，没有任何证据表明土豆的非变性淀粉对公众有风险。"
> "这些淀粉作为食品添加剂无负面效应。"

当然他们也公布了一些警示说明：

> "食用过量的生淀粉，如每天好几磅，将会导致肥胖和缺铁性贫血。"

美国食品药品监督管理局认为只要正确标识，土豆淀粉不是有害物质。食品药品监督管理局没有为土豆淀粉制定标准，因为美国药典已认可了其安全性：

> "在没有统一标准的情况下，符合美国药典的淀粉均可用于食品。"

- ## 美国药典中关于土豆淀粉的论述

美国药典的主要职责是"通过公共标准和相关项目以确保食品和药品的质量、安全和效果，从而改善全球健康状况"。美国药典认定土豆淀粉用于药品是安全的，同时规定了药用级土豆淀粉的相关指标。

> 土豆淀粉
>
> 发布类型：采用无害标准通知
>
> 发布时间：2012年2月29日
>
> 生效时间：2012年12月1日
>
> 专家委员会：赋形剂
>
> 如医药讨论小组（PDG）在该组签发封页所述，PDG已通过土豆淀粉的统一标准审查。土豆淀粉辅料已达到了PDG程序的第6阶段，按照2010—2015专家委员会的规则和程序，土豆淀粉辅料正式通过USP专业赋形剂小组专家委员会批准。
>
> 就此对目前USP-NF辅料达成的修改包括：
>
> - 将接受标准中的B鉴定条款修订为"厚厚的乳白色"粘胶，以保持文字描述与PDG文件一致，并区别于其他淀粉；
> - 将限量硫化试验中二氧化碳流量进行修订，以保持文字描述与赋形剂及签发封页一致；
> - 去掉需微生物检测的黑金刚石符号，因为现在程序已同PDG完全一致
>
> 土豆淀粉赋形剂加入并正式列入USP35-NF30第二修订版

作为一种食品级物品，土豆淀粉一般都伴随一张由供应商提交的技术数据表：

技术数据表：

- 外观白粉湿度不超过20%
- 白度至少95.0
- 酸碱度（30%混悬剂）6.5～8.5
- 灰分不超过0.25%
- 二氧化硫不超过2个百万分比浓度（ppm）
- 黏度峰值1 790b（布洛克菲尔德黏度）
- 细度150um（100目筛）通过率不低于99.6%

- ## 土豆淀粉中的二氧化硫

所有土豆淀粉的加工方法中，在某个阶段要加入抗氧化剂以保证白度。工业用淀粉应是亮白色的，有时就要用到二氧化硫来实现。二氧化硫在食品中广泛使用，如果你对其非常敏感，可以自己制作土豆淀粉或找到一种不含二氧化硫的生土豆淀粉。

世界各地技术数据显示，二氧化硫含量从2ppm至50ppm不等。1976年美国食品药品监督管理局就此发表声明：

> "从之前的情况来看，审定委员会可以得出结论，在现行的使用水平和方式下，没有任何证据表明二氧化硫对公众有风险。"

他们进一步表示一般认为30～100毫克二氧化硫对于每千克体重是安全的，预计平均摄入量为每千克体重0.2～2毫克（对于220磅的人来说，就是每天200毫克）。

土豆淀粉中最高二氧化硫含量是50ppm，相当于每克淀粉中含有50微克，50克淀粉中至多含有2.5毫克二氧化硫，仍低于美国食品药品监督管理局对于220磅的人来说每天200毫克的限量。

当然，你可能对二氧化硫非常敏感，那么你就需要避开土豆淀粉了。另外，二氧化硫会给哮喘病人带来麻烦。

• 土豆淀粉中的龙葵素

土豆中含有的配糖生物碱甙，也就是龙葵素，可能会带来问题。龙葵素在树叶、幼芽和土豆绿斑中都能找到，数量大时有很强的毒性，但在土豆淀粉中还未达到可检测的剂量。在淀粉制作过程中，龙葵素会和土豆一起被稀释和冲淡，因此土豆淀粉厂的废水废渣中一般含有龙葵素。30%～80%的龙葵素都在土豆外层中，因此去皮可以大幅减少龙葵素含量，而土豆淀粉生产的第一步就是清洗和去皮。

工业用土豆中龙葵素含量一般低于每千克20毫克，这个水平一般是无毒的，但是龙葵素会在绿斑和芽眼中聚集……从常识来说，这些部分都应该被挖掉。美国国家环境健康科学院认为每人每天对龙葵素和其他土豆毒物的生物碱甙类物质的平均摄入量不能超过12.75毫克，而产生中毒效应的最低摄入量是这个剂量的5倍，即每千克体重1毫克，或者每天50～70毫克。

• 土豆淀粉和茄类过敏

源于免疫系统功能的失调，有些人有"茄类过敏症"。你的身体认为土豆等茄属植物中的蛋白质是有害物质并竭力排斥。你的身体很快就能产生抗体以摧毁茄属蛋白质，这些抗体使身体内软组织发炎和肿胀。茄类过敏症主要影响肺部、皮肤和鼻子，症状为哮喘、鼻涕、流泪、咽痛、喷嚏，还可能引发皮疹。极端情况下，肺部会肿胀，导致气短、胸痛和气喘。过敏患者出现消化系统的不适也很普遍，组胺会使肠道发炎，导致呕吐、恶心、腹泻、胃痉挛和腹痛。

茄类过敏症是由茄类（土豆、辣椒、茄子等）中的生物碱甙类物质引起，与风湿性关节炎有关。已被证实的原因之一就在于肠道细菌的种类还不够多。一般认为只要去除所有蛋白质就没有问题了，但谨慎起见，如果你对土豆、辣椒、茄子、番茄或甘椒过敏，还是试试其他种类的生淀粉吧。

• 土豆变性淀粉

淀粉还有很多非食品用途，如用于胶水、洗衣喷雾、汽车和钻井行业以及其他一些说不清的加工用途，每一种都需要用到变性淀粉。如果你怀疑你用的淀粉是"变性"的，那就别用它。你可以致电生产商，但是一般作为食品销售的都是"非变性"的，以下是提及土豆变性淀粉时用到的词，如果你看到其中任何一个，那就别用它了：

- 糊精（E1400）：加盐酸后焙烤而成的淀粉
- 碱变性淀粉（E1402）：加氢氧化钠或氢氧化钾得到的淀粉
- 漂白淀粉（E1403）：用过氧化氢漂白的淀粉
- 氧化淀粉（E1404）：用次氯酸钠氧化法制成的淀粉，降低了原淀粉的黏度
- 酶法变性淀粉（INS：1405）：麦芽糊精、环式糊精
- 单淀粉磷酸酯（E1410）：加磷酸或磷酸钠盐、磷酸钾或三磷酸钠以降低原淀粉的回生性
- 二淀粉磷酸酯（E1412）：由三磷酸钠酯化或交联淀粉改变流变性和质地而成
- 醋酸酯淀粉（E1420）：乙酸酐酯化而成
- 羟丙基淀粉（E1440）：淀粉醚，由环氧丙烷醚化而成，增加了原淀粉的黏度
- 羟乙基淀粉：由环氧乙烷醚化而成
- 辛烯基琥珀酸酐（OSA）和酯化淀粉（E1450）：作为乳化剂，增加疏水性
- 阳离子淀粉：带有正电荷基团的变性淀粉
- 羧甲基淀粉：用一氯乙酸增加了负电荷的变性淀粉

如果你决定把土豆淀粉当做食品，那必须用非变性淀粉。土豆淀粉必须作为食品销售，一般见于超市食品货柜，网上销售的也是食品级淀粉。一旦怀疑其是变性淀粉，就不要使用了。

• 土豆全粉不是土豆淀粉

在寻找土豆淀粉时，你可能遇到的另一个产品就是土豆全粉，它们不是同一种物质。土豆全粉是由煮后并烘干的全土豆加工而成，看起来差不多，但是含有极少的抗性淀粉。土豆雪花粉是由脱水并制熟后的土豆加工而成，同样不含抗性淀粉。这些产品都没有危险性，可以用于增加食物的风味和质感，但不可作为抗性淀粉的来源。

直链淀粉和支链淀粉

土豆淀粉是一种神奇的物质，你可以用毕生精力来研究它的特性和用途。土豆有多面性，非常复杂却又十分简单。

土豆淀粉和所有淀粉一样，由两种类型的淀粉组成：80%支链淀粉和20%直链淀粉。淀粉包裹在10～100微米不等、平均36微米的圆形颗粒中，土豆淀粉的颗粒是所有淀粉中最大的。在生长期内，土豆依靠淀粉颗粒生存，将淀粉转化为糖来获得能量并防止冻害。这些淀粉颗粒，被称为淀粉体，是一种专门以淀粉的形式来储存糖分的细胞（图1）。

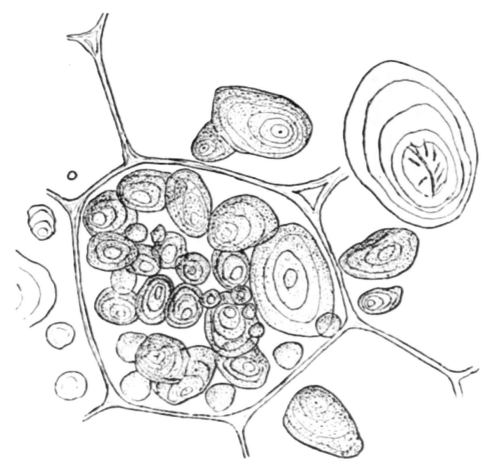

图1　淀粉颗粒（流行科学月刊，1899）

　　每一个淀粉颗粒的硬壳内都含有少量水分，约占20%的重量。加热后，水分膨胀使淀粉分子胀破形成黏性物质，这种黏性物质使土豆淀粉成为厨师们调制酱料和肉汁时的抢手货。就像生淀粉颗粒的任何一个组成部分一样，这些水分的存在并不是偶然，它是淀粉为植物提供能量不可或缺的一部分。这些水分高度纯净，零下30度都不会结冰，它们以规则的形式散布于淀粉链中，只有在显微镜下才可辨认出淀粉的类型。

　　直链淀粉和支链淀粉都可堪称艺术品。直链淀粉（图2）是一种由葡萄糖基构成的螺旋形单元。

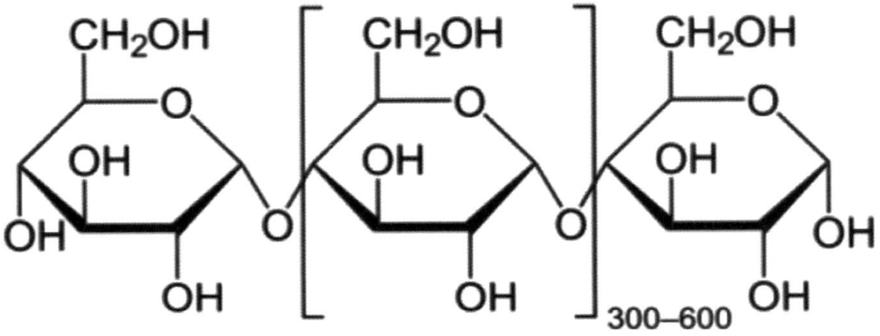

图2　直链淀粉

支链淀粉（图3）是由同样的葡萄糖基构成，但是呈树枝形分支结构。

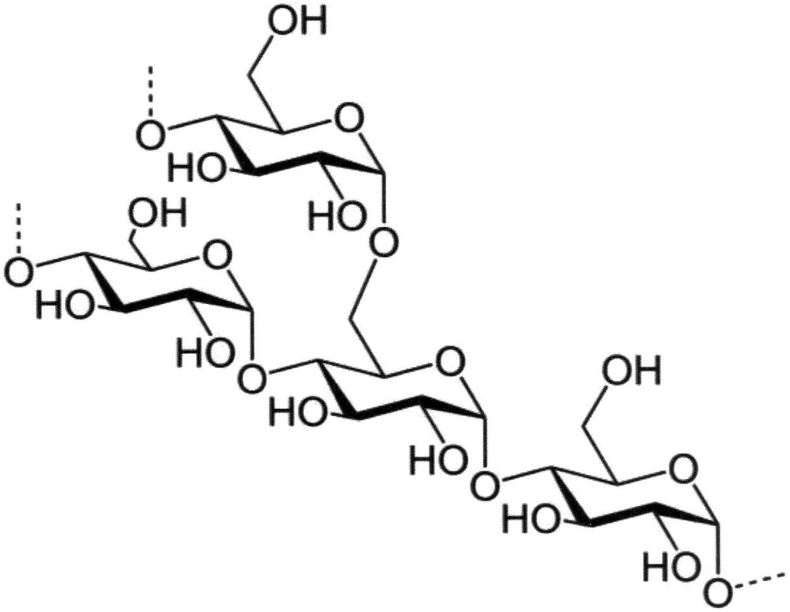

图3　支链淀粉

促益生菌土豆淀粉

当人类吃生土豆时，土豆通过咀嚼和消化分解成了小块。在小肠内，蛋白质和20%淀粉会被消化，剩下的未被消化的部分就被称为2型抗性淀粉，成为肠道微生物的食物，这可是肠内微生物的"大餐"啊。自200万年前人类还像猿猴一样时，肠道微生物就以这类淀粉为食了。2型抗性淀粉是它们最爱的食物之一。

当一个土豆加热并被食用时，我们胃和小肠中的酶会攻击直链淀粉和支链淀粉末端。由于支链淀粉有多个分支结构，因此很易消化。直链淀粉结构紧凑而且只有两个末端，消化起来更慢一些。一个煮好的土豆同时含有这两种分子结构，是非常好的食物。煮好的土豆含有大量碳水化合物、蛋白质和一点脂肪，还有丰富的维生素和矿物质。土豆对我们来说是很好的食物，但对于肠道细菌不是。事实上，肠道细菌在你吃一顿新鲜的煮土豆餐后依然饥肠辘辘。

如果将加热的土豆冷却，直链淀粉和支链淀粉会经历一个回生过程，每个淀粉分子的垂直结构会重新汇合并形成结晶。当温度降低时，结晶体越来越紧密，晶体中的水分会流失，这也是面包变酸和土豆变干的原因。回生过程始于4.4摄氏度，当低于零下8摄氏度时结束。由于水分流失，如果再次加热土豆，回生淀粉会更有韧性。事实上，你可以多次加热和冷却使水分流失。食用这种土豆对于你和你的肠道微生物都是大餐，双赢！这是人类在学会烹饪食物后几百万年中沿用的方式。

• 吸附性

我小时候住在农场里，我母亲经常自制面包。全家人都爱吃一种自然发酵的面包。与其他面包不同，这种面包不是用酵母发酵，而是用了一种配方，即将玉米粉和土豆片用温水混合并在碗中保温数天后制成的发酵剂。这种发酵剂会使整个屋子充满难闻的气味，但是做好的面包散发的香味让我们这些孩子们乐无边际。40年后，我意识到母亲的拿手面包是因为土豆的魔力。

生土豆淀粉颗粒有一种神奇特性，它可以吸引细菌，不论有益的还是有害的，并将这些细菌送到它们该去的地方，这种被称为吸附性的特性，是通过一种"配体模拟"机制实现的。动植物细胞有受体可以与其他细胞交流，有时这种细胞间交流可以传递让细胞复制或死亡的激素或信号。药物通常作用于这些受体细胞，致病菌和病毒也是一样。任何附着在这些受体上的都被称为"配体"。

土豆淀粉外覆盖着配体，其主要作用是欺骗其他细胞与之绑定，这看起来似乎无足轻重，但是同样的配体模拟存在于母乳的纤维素中，被称为人乳寡糖（HMOs）。在人乳中，有上百种HMOs为婴儿的肠道微生物提供食物。任何致病菌和大部分病原体只要遇到HMOs，就会被吸附到HMOs上，而不是小肠细胞上。这可以避免小的肠道感染、腹泻等，这也是新生儿"百毒不侵"的原因之一，而土豆淀粉可以实现与HMOs一样的配体模拟行为。

土豆淀粉的小伎俩可以为我们做两件事：一是它可以携带益生菌（如双歧杆菌）通过胃和小肠，而双歧杆菌在胃和小肠那儿都很难生存；二是将病毒和病原体拖到大肠，我们身体防御机制会在那儿杀灭它们。对于霍乱来说，患者服用一种水与淀粉的混合物后很快康复，因为霍乱病毒被带离了小肠并被消灭。遗憾的是，很多常见的病原体如沙门氏菌、志贺氏（杆）菌、克雷白氏杆菌等都无法绑定。虽然配体模拟无法杀灭这些病菌，但生成的短链脂肪酸也能改善肠道生态系统和减少病原体繁殖。

土豆淀粉加工工序

有两个途径可以获得土豆淀粉——自己制作或从商店购买。你可能猜到，我不太热衷于过度加工的食物，比如面粉、植物油和含高果葡糖浆的玉米汁。有些人担心土豆淀粉有些不够"天然"，但事实并非如此。土豆淀粉是非常天然的产品，在土豆中含量很大。生土豆的20%是淀粉，一个普通大小（约半磅）的土豆中有40克土豆淀粉。

土豆汁中的淀粉沉淀过程（作者摄影）

- **自制土豆淀粉**

  如果你有时间和基本厨房用具，可以简单地制作土豆淀粉：

  1. 将1磅坚实的褐色土豆洗净并去皮

  2. 切成小块并放入电动离心榨汁机

  3. 用适当的容器收集土豆汁

  4. 当淀粉沉到底部时，倒掉尽可能多的液体，保持住底部的淀粉

  5. 将湿淀粉平铺在塑料或玻璃盘子上并晾干，如果有低温脱水器效果更好

  6. 当淀粉彻底干透时，你将收集到48～60克土豆淀粉

  土豆汁也非常健康，可以考虑喝点。

- **工业土豆淀粉提取**

  在家中通过磨碎和挤压来提取土豆淀粉非常容易，不知道商店出售的淀粉的制作是否也同样简单。我联系过一个大型土豆淀粉制造商，他们告诉我大规模生产方法如下：

  1. 将经挑选的新鲜土豆放置在回转筛中去掉泥土、沙子和碎石

  2. 将土豆用滚烫的水冲刷并放入冷水池中，然后通过管道和漏斗进入冲洗站

  3. 在冲洗站中，土豆进入另一个筛鼓，它们互相摩擦碰撞，以便去除真菌和在生长过程中使用的农药和化学品等。再次用高压水冲刷以保证完全洗净并去皮

  4. 将洗净去皮后的土豆送到磨碎机，加工成由淀粉、土豆汁和土豆肉（蛋白质和细胞壁）组成的土豆浆液

  5. 土豆浆液被送到不锈钢、圆锥形滚筒提取机中，再次喷入冷水把淀粉从其他物质中分离出来

  6. 在适当时加入二氧化硫以防止淀粉变黑，如前所述，这对健康不会有影响

  7. 粗"淀粉浆"离开提取机后进入冷藏室，用越来越细的筛过滤并多次冲洗，直到最后留下的全是纯淀粉

  8. 最后在烘干室中用快速干燥器吹出的热空气烘干淀粉，在包装前最后再过一遍筛

  因此家庭和工厂制作土豆淀粉的真正不同之处仅在于是否使用二氧化硫。工厂报告指出每吨土豆仅使用1磅二氧化硫，并仔细检查以保证最终产品中不超过50个ppm，一般低于2个ppm。二氧化硫被广泛用作干蔬菜和水果的防腐剂。二氧化硫可溶于水，大部分最后不会留在淀粉中，然而，如果有人对二氧化硫高度敏感，最好还是自己制作土豆淀粉。

土豆中抗性淀粉含量

在许多生土豆淀粉（RPS）研究中，研究人员每天用40克抗性淀粉来达到促进肠道健康的目标。下面有一组详细数据，包含了抗性淀粉在生土豆淀粉、各种土豆烹制方法甚至生土

豆中的含量。我们看看土豆淀粉袋上的营养标签。

我们看到1汤匙土豆淀粉重量为12克，其中碳水化合物占10克。两者之间这20%差异充分说明土豆淀粉含有20%的水分。我们也知道，吃生土豆淀粉是无法获得10克碳水化合物的，这只有在煮熟的淀粉中才有效。研究表明生土豆淀粉中抗性淀粉的含量在65%～85%，我们可以利用75%。因此1汤匙生淀粉约包含9克抗性淀粉（12克的75%），4汤匙生淀粉就包含约36克抗性淀粉。

如果你坚持长期计算卡路里，你会发现食用生淀粉时，你将不会摄入1汤匙淀粉所声称的40卡路里，然而，你将从脂肪中获得20卡路里。这看起来有些矛盾，因为是你的肠道微生物从生淀粉中获益，并且将其转化为丁酸盐。下一步，我们来看看土豆。

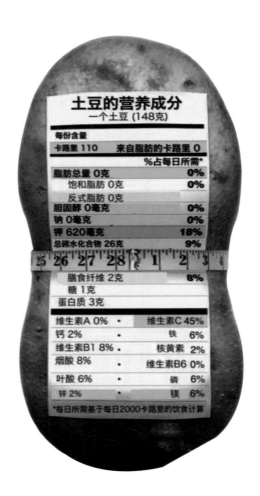

同样，下面这些营养数据通常显示的是土豆被煮好后的数据，但鉴于我们正准备做一件疯狂并打破传统的事情（用土豆减肥），那就让我们看看能否从标签中推断出吃生土豆时得到多少抗性淀粉吧。

标签上的土豆重148克，大约3个重1镑。为便于你参照，这个土豆约为一个网球大小。其148克重量中有20%左右为淀粉，占的比例不算高。如果你有一台机器可以榨出每一粒淀粉，你将发现这颗土豆最终只有30克纯淀粉，或者低于3汤匙。我们知道纯土豆淀粉的75%为2型抗性淀粉，因此我们可以计算出如果将这个土豆生吃的话，可提供22克抗性淀粉。

如果我们不是生吃，而是将它煮熟后再吃，我们发现抗性淀粉含量仅为0.25克，并不多，这是因为所有的"抗性"都从淀粉中煮出去了，现在变成了"可消化淀粉"，对你有益而对肠道无益。土豆淀粉的糊化就是淀粉颗粒膨胀并爆炸的过程，在温度达到华氏60摄氏度时，2型抗性淀粉的价值就被破坏了。

更进一步，我们将煮好的土豆降温，放在冰箱中过夜并以约1.6摄氏度冷藏。第二天，我们发现一部分可消化淀粉回生为抗性淀粉——现在就有3.5克的3型抗性淀粉了。我们将土豆切块，加点油煎成棕色，在这个时点，我们重新加热的土豆将含有4克3型抗性淀粉。再次冷却后，变成4.5克3型抗性淀粉。再重新加热后，5克，冷却后，5.5克，再加热，6克。最终这个过程会停止，但我只是想展示在最初的加热和冷却循环中，抗性淀粉的爆发力处于最强阶段，之后会逐渐减弱。

概括来说：1个中等大小的土豆（网球大小），大概150克，煮后的抗性淀粉含量变化如下：

- 生的：22克
- 烹饪：0.25克
- 冷却：3.5克
- 再加热：4克
- 再冷却：4.5克
- 再加热：5克
- 再冷却：5.5克
- 再加热：6克

• 测量抗性淀粉

食品中抗性淀粉的正式测量是按照一套标准化的分析方法AOAC2002.02进行的。这个方法在2002年由美国农业化学家协会采用，以确保抗性淀粉含量测定的精准性。当抗性淀粉含量超过64%时，AOAC2002.02分析法已无法继续进行检测，因此所有土豆淀粉的测试值都是64%。在所有天然淀粉中，土豆淀粉的抗性淀粉含量最高。

将土豆淀粉作为抗性淀粉补充剂

土豆淀粉是提高抗性淀粉摄入的绝佳来源，能够接近目前人体研究中显示的良好效果。

- **以下是一些颇有价值的科学发现，它们在研究中使用了不同剂量、生的非变性土豆淀粉：**

  - Langworthy等发现，食用180克生土豆淀粉会让人产生腹胀等不适感，但食用60克时不会有感觉。他们还发现，当人体食用土豆淀粉超过40克时，在粪便中还能找到一定比例的土豆淀粉，这表明微生物一次最多只能处理40克土豆淀粉

  - 在一项持续15天的人体实验中，每天食用17~30克生土豆淀粉可以提高短链脂肪酸水平

  - 三项独立的实验表明，生土豆淀粉的益生菌比其他来源的抗性淀粉效果更好。相比豌豆和小麦淀粉，生土豆淀粉是双歧杆菌更偏爱的食物。与小麦或大麦淀粉相比，土豆淀粉可以更好地增加饱腹感和控制餐后葡萄糖，而在脂类代谢、葡萄糖控制和胰岛素反应等方面的测试效果又与它们不相上下。与玉米、小麦、豌豆淀粉相比，生土豆淀粉可以提供更多的丁酸盐（Wronkowska，2009）

  - 生土豆淀粉可以增加短链脂肪酸的合成并提高丁酸盐的比例。生土豆淀粉能增加粪便重量并略微缩短食物转化时间（Ferguson，2000）

  - 50克生土豆淀粉比10克乳果糖产生的氢更少，这表明土豆淀粉在大肠内的发酵不是由消化糖类的微生物完成的（Burge，2000）

  - 在生土豆淀粉与低聚果糖的对比研究中发现，生土豆淀粉主要在盲肠和近端结肠内发酵，而低聚果糖是在远端发酵。然而，生土豆淀粉发酵时，会在远端生成更多的乳酸盐。这项研究表明了为什么生土豆淀粉本身不如与其他纤维混合后的效果好（LaBlay，2003）

  - 生土豆淀粉可在不改变血浆浓度的情况下，大幅度提高钙和镁的吸收。当加入菊粉后，效果会更好（Mineo，2009）

  - 在饮食中加入50克生土豆淀粉会降低餐后血糖和胰岛素水平（Higgins，2014）

  - 生土豆淀粉可降低高蛋白食物对大肠的损伤（Birt，2013）

  - 生土豆淀粉刺激双歧杆菌、乳酸菌和短链脂肪酸生长，有利于抑制结肠内的致病菌（Barczynska，2015）

土豆淀粉的替代选择

如果你无法忍受土豆淀粉，还有其他选择。经常变换饮食可以给肠道微生物带来许多惊喜。我们祖先的饮食也不是一成不变，我们也不应固守常规。

从熟食中获取抗性淀粉很容易——你可以从煮熟并晾凉的土豆、大米、豆类和其他食物中获得3型抗性淀粉。对于2型抗性淀粉（生淀粉颗粒），你则需要仔细挑选。与土豆淀粉相似的其他2型抗性淀粉来源主要包括青香蕉或芭蕉粉、高直链玉米淀粉或木薯淀粉。以下做简短介绍：

- **香蕉粉**

所有香蕉，包括芭蕉和甜甜的香蕉都是从青香蕉长成。青香蕉很难剥皮，含有大量生淀粉颗粒，很难消化，是2型抗性淀粉很好的来源。当香蕉逐渐成熟，颜色变黄时，2型抗性淀粉就转化为糖了。

世界各地都有一种由青香蕉制成的美味香蕉粉，主要用的是芭蕉。在烘烤食物中，这种香蕉粉可替代谷蛋白面粉。更棒的是，生吃这种香蕉粉是很好的2型抗性淀粉来源。香蕉粉中的抗性淀粉含量略低于土豆淀粉，因为香蕉中的淀粉未经提取，而是将整个香蕉风干并磨碎。尽管如此，香蕉粉中的2型抗性淀粉含量仍达到了50%。

从某些角度来说，香蕉粉比土豆淀粉更好，因为它包含了植物原有的所有营养、维生素和植物纤维。这种特性非常重要，并使得香蕉粉成为很好的2型抗性淀粉来源。

- **木薯淀粉**

木薯淀粉来自木薯，木薯的生淀粉含量非常高，达到80%，但在现实中，提纯后的淀粉含量会出现多个测量结果。有些研究测量表明木薯淀粉中的抗性淀粉的含量从5%到50%不等。这种差异取决于木薯的种类和加工方法。在获得更多的知识之前，目前将木薯淀粉作为抗性淀粉的来源还需谨慎。

- **玉米淀粉**

一般烹饪用的玉米淀粉含有的抗性淀粉很少，为2%～3%。另一种被称为高直链的玉米淀粉是由专用玉米制作而成，2型抗性淀粉的含量可达到55%。在许多关于抗性淀粉健康作用的研究中，这种淀粉被称为"高直链玉米淀粉"（HAMS），HAMS同HI玉米淀粉一样，适合进行商业化推广。

- **其他淀粉**

其他几种淀粉也有望成为2型抗性淀粉的潜在来源。绿豆淀粉、荞麦淀粉和豌豆淀粉的2型抗性淀粉含量都很高，许多产品所含的抗性淀粉都具备商业化推广的潜力，但目前还没有研究对它们进行测定。希望有一天，这些淀粉可以带上标注其抗性淀粉含量的标签，到那时，再由你自行判断。

　　希望你了解了本章的应有之义，这是一篇简短的论文，描述了将土豆淀粉作为抗性淀粉补充剂的美妙与简单。土豆淀粉背后的科学引人入胜。是否及如何使用土豆淀粉由你决定，但是我希望你们不要对我的其他建议充耳不闻，即指望通过食用大量土豆淀粉来一下改变长期以来的不良生活或饮食习惯以及由此带来的疾病问题。土豆淀粉可能是灵丹妙药，也可能毫无作用，一切都取决于你的选择。如果有一天你在超市货架上看到成堆的神奇抗性淀粉补充剂，请记住简单的土豆淀粉也可以很管用。

土豆格言

宝石不打磨不发光，人不吃土豆不完美。

——爱尔兰谚语

笔记

第11章 人类肠道微生态系统

　　土豆黑客法是主要针对肠道的一个方法。如果你几天内仅进食土豆的话，你的肠道细菌会迅速进化并来回传递它们的基因，数以万计的菌群会在这几天里茁壮成长。这种迅速的进化将为你的肠道创造出一个脱离哺乳期后的最佳环境。土豆黑客法期间，你的肠道会比你自孩童起的任何时候都健康。

　　许多时候，人们认为人类肠道微生物太复杂、太庞大。人们通常将寄生在肠道里的微生物群比作植物性神经系统，一个真实存在但却不受我们意志支配的系统。但这并不是事实。

　　正是这些大量寄宿在人体内的微生物聚合体，促进了我们基因个体性和抗病能力的发展。正如希波克拉底（希腊名医，被称作医药之父）在几千年前所预言的那样，基因多样的微生物是我们健康的主要驱动力。人体肠道控制着消化、营养、炎症、睡眠、情绪、生长、免疫等。反过来，人体作为寄主，掌控着这些微生物的吃、住以及它们的总量和种类。直到近年来，我们才幸运地有了大的发现。通过现代检测方法，我们对这些微生物的了解越来越多，并能够在更精准的程度上操控它们。

E. coli（Pixabay.com）

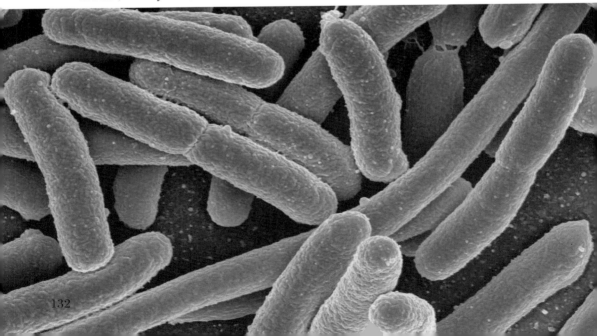

在本书中，我只把人体微生态系统作为一个简单概念来探讨。事实上，人体肠道系统的复杂程度远超过了可探测的限度，但它又是如此简单，不需要你对它有任何的特别关照。现代生活方式对我们的肠道非常粗暴。上天赐予数以亿计的帮手来陪伴我们一生，但却被我们随意挥霍浪费了。让我们一起来认识我们体内的微生物吧，学习如何像乐队指挥那样引导它们与人体和谐共处，而不仅仅是作为一个旁观者。

生物分类学101

哈哈，欢迎来到最可怕的梦魇，整章的生物学……这已经是本书的第11章了。如果你是一个热爱高中生物学的奇才，你将进入天堂！对剩下99.9%的人类，我尽量把这一部分讲得容易理解。

我们生活在一个令人惊叹的时代，我们对这些数以亿计微生物的了解比以往任何时候都多。我们不仅了解得更多，而且能观察它们，甚至知道如何去影响它们。此前，肠道微生物往往被人嫌弃或讨厌，因为我们关注疾病，而不想要了解致病菌。我们的肠道微生物群曾是个伟大的未知，并被认为是造成所有疾病的元凶。

在对待一些非常不必要医治的疾病时，医生往往会去破坏病人肠道微生物群，我们被引导去相信需要用消毒剂或抗生素杀灭99.999%细菌。

随着越来越多的人关注检测自己的肠道菌落，我们对它们的了解也日益增多。随着一个又一个人的不赞同，我们看到之前长期存在的肠道菌群理论正在被推翻。例如，长久以来，一种被叫做艾克曼西亚的肠道细菌被认为是一种抗肥胖的微生物。无论你相信与否，人们都曾寄希望于用这种名为艾克曼西亚的益生菌减肥。现在我们发现，艾克曼西亚能够减肥可能是因为它夺取营养并破坏肠道内的保护性黏液，从而导致健康受损。

本章应该是你需要做标记的章节。假如你决定对你的肠道做个微生物群检查（现在有很多公司提供这种新式服务），你就会想要重温本章的内容了。请继续读下去，文章后不会有测验，但你将会用余生去检验。

- **花哨图标和浮夸文字，99美元**

当前有3或4家公司或机构可以提供肠道微生物群检测服务，有些要求提供医生诊断证明，有些则不需要。有些检测包含了特定菌种、致病菌以及健康标志指标的详细信息；有些检测则只提供目前主要肠道微生物菌的基础信息。如果你决定进行其中某种检测，那么为方便解读检测结果，你很有必要了解一些术语。

这是一些关于肠道微生物采样的专业术语：

- 16S rRNA

- 18S rRNA
- 鸟枪法宏基因组（Shotgun metagenomics）
- 基因测序（Illumina sequencing）
- Fasta文件（fasta files）
- 局部序列排比检索基本工具（Basic Local Alignment Search Tool, BLAST）
- 生物信息平台与高精度宏基因组（MG-RAST）

我发现给出这些专业术语的详细解释是吓跑读者的最快办法。然而你应该知道，那些懂得尖端技术的聪明人知道如何看明白你的大便样本并指出你的肠道里有什么，而你只需要看懂他们提交给你的检测报告。至于其他的，你只要选一家你经济上能接受的机构，并且在你所关注的信息领域够专业就行。如果你只是好奇，你看到的是一份关于微生物的专业检测报告；如果你生病了，你会希望和医生探讨一份显示致病菌的检测报告。如果一个人做肠道菌落测试仅仅是为了好玩儿，那他一定是土豪，要知道今天做一次这样的测试要99美元，而在10多年前，这种检测可是价值百万美元啊。

你首先要知道在这样的检测报告中会有很多很长的名词，比如卢敏诺可卡西亚（Ruminococcaceae）、必非得多拜克特瑞姆（Bifidobacterium）。有些长名词是斜体标注的，有些没有，这些并没有逻辑或条理。我一度认为这些只是为了让写报告的人自我感觉比别人更专业而已，或者只是为了看起来更酷。不管怎样，这并不重要。重要的是，我接下来要讲解一些特定微生物以及它们的功能了。

在你的检测报告中，可能会罗列出从大便样本中发现的细菌名称，但它们真的不应该出现在这里。它们中的大部分，如致病菌或条件致病菌，是健康肠道生态系统的正常组成部分，但是一旦它们生长失控，就会引起大麻烦而需要介入治疗。还有一些致病菌则根本就不应该出现。希望你的检测报告足够精确，以帮助你识别出这些信息。

寻求这样的检测报告一般是出于三个原因：好奇心、医生的要求或者自我诊断。下面，我们来分析每一种情形：

• 好奇心

在阅读了许多关于肠道菌落重要性的文章后，许多人对自己的肠道产生了极大兴趣。如果你决定对你的大便进行检测，那么处理检测报告的最好方法是以孩子的眼光来看、读、吸收。用Google查询上面所列的微生物，记录下相关内容，保存你的查询链接，发给对此材料感兴趣的极客朋友或博友。你会惊奇地发现你的肠道里可能有通常寄生在牛羊体内，甚至鱼肚子里的微生物！如果你本来身体健康并有兴趣继续，那就别让这份检测报告影响了你。就如你知道的，报告上的信息预测不了世界末日。你也许会发现你的某种肠道细菌没有别人多，或者你有一些别人没有的细菌。如果你的饮食习惯很糟糕，正想清理一下肠道，那这会是一次好机会。抛开诊断或治疗重大疾病的目的，将这份检测报告视为你认知自己肠道微生物群的开始吧。

如果你有时间、有金钱、有兴趣，这会是个有意思的爱好。我强烈建议你看一看寄生在你肠道里的菌落类型。这种检测做得越多，被发现的菌落图谱越丰富。这就是全民科学的最好范例。

- **医生的要求**

如果你正在因消化道疾病进行医学观察，或者医生要求你去做肠道微生物检测，那么记得把检测报告留个备份。这些报告会比其他类型的报告更详尽，但对好奇者来说用处不大。这种报告看起来不怎么漂亮，而且更晦涩难懂，但没关系，你的医生会看懂报告中包含的信息以及决定接下来如何治疗。

如果你感到疑惑，可以再找别的医生看看。如果相信你的医生，那就严格遵照他给出的建议。不要以为凭着这份报告你可以不听医生的意见，自己进行诊断治疗。没有什么比病人不遵从医嘱而更快陷入混乱的了。

- **自我诊断**

用于自我诊断是得到这样一份高端肠道微生物检测报告的正当理由，但这可能也是最具潜在危险的。假如你经受着长期胃肠病痛折磨，认为你的医生可能有点落伍，那么你可以找一家非处方检测机构来测试一下你的肠道菌落情况。像大多数人一样，花些时间上网查询相关信息，做下记录并满足一下好奇心。如果你看到任何大的红色标记，那么有两个选择，一是自己解决，二是向医生求助。如果你看到大量病菌和有害寄生菌，赶紧看医生。如果只是少量的异常现象，也可以试着在相关论坛里找找答案。

现代人的肠道一般来说都不健康，但如果你平常抱怨较少或面对一个你不感兴趣的医生，那自我治疗是唯一的选择。有太多人吃错了东西，不仅对他们自己，尤其是对他们的肠道菌群而言。如果你的目标是自我诊断，我建议你买一些试验套装，尝试一些改变后再测试一下。这样做虽然贵一些，但很值得。在每次做出变化的3～6个月后再检测，肠道菌群需要时间去适应新环境。如果你看到很大的问题，还是拿着报告去看医生吧。

- **菲利普国王都吃些什么？**

在你的检测报告或网上的搜寻结果中，你会发现一份关于菌落的明细单。你还记得生物学101部分的内容吗？有个小插曲，"菲利普国王不远万里寻找真正的意大利通心面"或者"菲利普国王诅咒时髦的绿沙拉"，不管出身如何，我想这个菲利普国王一定在生物学方面有较高的造诣。当然，绝大多数学生还是需要一些看似荒唐的记忆法来记住下面生物学分类术语的顺序：

- 界（Kingdom）
- 门（Phylum）
- 纲（Class）
- 目（Order）
- 科（Family）
- 属（Genus）
- 种（Species）

当你看到这份肠道菌落的门类（Phyla）清单时（Phyla是Phylum这个名词的单数形式，没有实际意义），不必太在意。我所指的肠道菌落包括：

- 厚壁菌门（*Firmicutes*）
- 拟杆菌门（*Bacteriodetes*）
- 变形菌门（*Proteobacteria*）
- 放线菌门（*Actinobacteria*）
- 疣微菌门（*Verrucomicrobia*）
- 软壁菌门（*Tenericutes*）
- 蓝藻菌门（*Cyanobacteria*）
- 梭菌（*Fusobacteria*）

一份有意义的肠道菌落检测报告应该包含如上菌落的相对百分比，这是首先需要浏览到的有用信息。你可以指着标注了漂亮颜色的饼图，"嗯嗯啊啊"几句，但这除了让你的伴侣觉得你浪费钱之外，是没有任何意义的。

• 犯罪现场调查中的生物分类，或者，谁在夜间偷袭了我的垃圾桶？

假如经常有动物在夜间到你家的垃圾桶里觅食，你可以雇佣顶级终结者（ACME Exterminators）来看守后院。你会满意第二天的调查报告上写着"入侵者确定为*脊索动物*"吗？

你首先注意到的是斜体字。然后准备倾家荡产让*脊索动物*远离你的房子。任何用斜体书写的东西都是坏的。如你有一台可以上网的电脑，就像大多数现代人那样，你在网络上搜索"脊索动物"这个关键词。电脑才不管你是否把这个词写成斜体呢。你得到的第一个结果就是：

"脊索动物是一类动物种群的统称，包含75 000个物种。脊索动物分为三类：脊椎动物、尾索动物、头索动物。其中，人类所属的也是最熟悉的脊椎动物，又分为：有圆口类、哺乳类、鸟类、两栖类、爬行类和鱼类。"

啊？你刚刚付了大价钱才知道是一种带脊椎的动物入侵了后院？也许你的家人是对的，这简直就是浪费金钱。

也不完全是。你的肠道内有500～1 000种的肠道菌群。这些成百上千的品种分属于前面提到8个门类。了解这些基本关系能帮助你理解肠道是如何包容各种有益菌和致病菌的。

当然在报告上还应列出不同的科、属、种和亚种。很多人不了解这些名词是单数还是复数，但都没有关系。一旦你知道"科"这个概念，至少能确定是一只犬科动物入侵了你的垃圾桶。如果你掌握了"种"和"亚种"这样更细分的概念，你就可以理直气壮地走到街角杰弗里先生家，让他管好他的比格犬别再动你的垃圾桶了。

对于你的肠道菌群，这也是同一个道理。

坏的，脊索动物，坏的！（Pixabay.com）

- **那么，都有谁在我的肠道里？**

为了后面的学习，下面提供了一份主要门类清单，每一种都被认为对你的肠道微生态系统有重要作用。

- **厚壁菌门（Firmicutes）**

厚壁菌门（Firmicutes）（拉丁语：firmus代表强壮的，cutis意思是表皮，意指细胞壁）指细菌的一个门类，大多数具有革兰氏阳性细胞壁结构。少量具有可渗透的假外膜而呈革兰氏阴性，如巨型球菌属、果胶杆菌、月形单细胞菌和嗜发酵菌。它们具有圆滑的外形，被称作球菌或杆菌。很多厚壁菌可以产生芽孢，这些芽孢在极端条件下也能存活。厚壁菌在你的肠道内制造"堆肥"。不管在体内还是体外，它们嗜好分解植物性物质。正是这些厚壁菌，让植物的老树叶散发迷人的气味，也让你昂贵的葡萄酒变酸。一些乳杆菌和乳酸菌也属于厚壁菌门，具有潜在的抗炎、抗癌功能。它们可见于各种环境，其中也有一些知名的致病菌，如炭疽菌和破伤风菌。这一门细菌占到人类肠道菌群的20%～75%，可分为上百个属。它与饮食、年龄和地理环境相关。不过你也不必过于担心你体内厚壁菌的数量。

- **拟杆菌门（Bacteroidetes）**

拟杆菌主要由三大类革兰氏染色阴性、无芽孢、专性厌氧杆菌组成，广见于土壤、沉淀物、海水以及动物皮毛和肠道中。大多数拟杆菌属为条件致病菌，很少成为人类其他两个纲的致病菌。拟杆菌是人类肠道内第二大主要门类的菌落，约占全部肠道菌群的一半。拟杆菌都是各路吃货，可以愉快地吞食你提供的任何东西，然后把它们分解成各种气味的气体。我们的肠道更喜欢植物纤维、抗性淀粉等食物，如果肠道长期得不到这些食物，比起那些营养均衡的肠道，远离喜爱食物的肠道中充满的拟杆菌毒性将更强。

- **变形菌门（Proteobacteria）**

变形菌包括各种致病菌，也叫病原体，如埃希氏杆菌、沙门氏菌、弧菌、螺杆菌及其他很多知名属类。美国生物学家卡尔·乌斯在1987年建立了该门类，并称为"紫色细菌族群"。由于该门类包含多种变化形式，因而最后以传说中变化形态万千的希腊海神"普罗透斯（Proteus）"的名字正式命名。如果你的报告中显示该门菌种数量较高，那么预示着你需要调整饮食或改变生活方式了（如戒烟、增加锻炼等）。这种微生物会导致炎症，但不会致命。实际上，该门菌落对生成消化所需的化学物质至关重要。

- **放线菌门（Actinobacteria）**

该门菌落属革兰氏阳性菌，分为陆生和水生。虽然它被认为是土壤里常见的微生物，但实际上更大量生存于淡水中。放线菌门是主要肠道菌落之一，且主要为有益菌。它们能产生抗生素并且是植物类物质的最佳分解器。双歧杆菌就属于这一门，它们中还有一些被称作威胁人类健康的"超级细菌"。

- **疣微菌门（Verrucomicrobia）**

  它是一门被划出不久的细菌，包括少数几个被识别的种类，主要被发现于水生和土壤环境，以及人类粪便中。证据表明疣微菌门广泛存在于环境中，且很重要（特别对土壤培养）。尽管数量不多，但它们的存在体现了微生物生态系统的平衡。相比起人类，它们对其他微生物更重要。过度清洁和消毒使你吃的每一口食物都会导致疣微菌缺乏。在泥地里玩，吃点儿带土的蔬菜是吸引疣微菌的最好方法。

- **软壁菌门（Tenericutes）**

  该门细菌因为没有细胞壁所以呈革兰氏阴性。知名的属类包括支原体、尿素原体、植原体。该门细菌在肠道微生态系统中数量非常有限但却非常重要。它们存在于大多数哺乳动物的肠道内，要么完全无害，要么极其致病，与肺炎、支气管炎等呼吸系统疾病和不育症有关。

- **蓝藻菌门（Cyanobacteria）**

  蓝藻菌通过光合作用获取能量，因外表呈蓝色而得名。目前对该门细菌认知不多，也不了解它们对人类的作用机理。由于其可见于各种极端环境，如海底火山喷发口，南极裸露岩石上，因此它们也被认为是存活能力最强的微生物。在污水中，它们以"蓝绿藻"的浮渣形态存在。

- **梭杆菌门（Fusobacteria）**

  一种杆状的革兰氏阴性细菌。常见于所有动物的肠道，作用有好也有坏。在大多数人的检测报告中鲜见。

良好的肠道微生态系统是由什么组成的呢？

一个好的肠道微生态系统是什么样子的呢，或者甚至存在一种"完美"的肠道状态吗？随着现代检测手段的出现，科学家们已经搜寻了不同人群的肠道菌群并发现它们因人而异。健康的非洲儿童与欧洲儿童的肠道菌群差别会很大。婴儿的肠道菌群与儿童或成人又有很多不同。是什么造成的呢？拥有如此不同肠道的人们又是怎样实现同等健康的呢？完成这项伟大工作的肠道菌落一定有共通之处，而不健康人群的肠道肯定也有我们不能忽略的相似之处。

　　此外，多数肠道检测都忽略了对人体内友好的（或不太友好）真菌的存在。其实，存在于人体肠道内的酵母菌和真菌很有可能比细菌更重要。

　　任何群体的健康都归属于它的稳定性。这一点同样适用于国家、家庭、动物群、森林，甚至肠道微生态系统。弗雷德里克·布雷克在最近一篇针对肠道微生物系统评论中写道：

> 考虑到微生物在人体中生存地点或部位的环境，一个健康的微生态系统应根据生态稳定性来描述，要从理想的微生物构成或者理想的功能组合的角度来描述（如在压力条件下能抵挡群体结构的变化，或在压力变化后能迅速复原）。
>
> ——布雷克，2012，《关于健康肠道菌落的定义：现状、未来及临床应用》

　　在综述中，他总结到一个健康的肠道微生态系统就像一个强壮的国家，需要有"抵抗力"和"顺应力"。换句话说，健康的肠道微生态系统可以抵御变化并能够在外来侵扰后迅速恢复。健康人群间的肠道菌群千差万别，仅用特定比例的细菌组合来定义健康的肠道微生态系统的想法实在过于简单了。

　　在频繁使用抗生素后，肠道生态系统的抵抗力和顺应力会随着微生物多样性的减少而遭到破坏。这些受破坏的肠道微生态系统不能战胜病原体，如超级细菌C.Diff和其他条件致病菌，而这些病原体原本是处于肠道菌群抵抗力控制之下的。

　　人类可以生存很长时期，事实上，由于现代对抗生素的依赖、植入抗虫性状的转基因作物的发展，以及不良的饮食习惯，大多数人的肠道都不太健康。但这并不意味着我们都会得癌症或其他时下疾病，但这的确意味着我们并不拥有一套能主动抵抗这些病害的肠道系统。

• 重建肠道系统

　　2013年，渥太华的研究人员设计了一套完美的细菌组合方案以重建患者的肠道系统，这些患者饱受周期性C-Diff[1]病毒感染的折磨，而常规治疗又对此束手无策。与粪便培养相似，研究团队从健康个体中分离出33种微生物，在试管中培养后直接植入病人大肠内。2天后，病人痊愈，在6个月的随访期内已经像正常人一样生活了。那他们的重建配方是什么呢？

- 氨基酸球菌属（*Acidaminococcus intestinalis*）
- 卵形拟杆菌（*Bacteroides ovatus*）
- 青春双歧杆菌（*Bifidobacterium adolescentis*）
- 长双歧杆菌（*Bifidobacterium longum*）

---

[1] 一种超级病菌。

- 梭状芽孢杆菌（*Clostridium cocleatum*）
- 产气真杆菌（*Collinsella aerofaciens*）
- 大肠杆菌（*Escherichia coli*）
- 链状真杆菌（*Eubacterium desmolans*）
- 挑剔真杆菌（*Eubacterium eligens*）
- 雷氏丁酸盐杆菌（*Eubacterium limosum*）
- 直肠真杆菌（*Eubacterium rectale*）
- 凸腹真杆菌（*Eubacterium ventriosum*）
- 普拉氏梭杆菌（*Faecalibacterium prausnitzii*）
- 裂果胶毛螺菌（*Lachnospira pectinoshiza*）
- 干酪乳杆菌（*Lactobacillus casei*）
- 狄氏异性细菌（*Parabacteroides distasonis*）
- 劳特菌（*Raoultella*）
- 粪产罗氏菌（*Roseburia faecalis*）
- 肠罗氏菌（*Roseburia intestinalis*）
- 扭链瘤胃球菌（*Ruminococcus torques*）
- 卵胃球菌（*Ruminococcus obeum*）
- 轻链球菌（*Streptococcus mitis*）

• 那慕尔珍宝

那慕尔，比利时，1996。在中世纪考古现场发现了一只密封的橡木桶。在对其中隐藏着怎样的珍宝进行众多推测后，这只木桶终于在科学家们的注视下被撬开了。里面到底有什么？金子、地图或古老的文字？不，比这些更珍贵！一大坨中世纪的粪便！这不是一坨普通的粪便。而是121.4克，深棕色，保存完好的标本，它被标记为Z04F56号，储藏于法国马赛市。

2007年，Z04F56号标本被打开，它的外层包裹被撕开，最内部的秘密被揭示。经显微镜检查发现，其中疑似含有植物纤维、花粉、种子，还有一些寄生虫卵，包括鞭虫和阿米巴虫这两种常见猪传播的人感染病原体。那慕尔珍宝中16S核糖核酸样本，显示了中世纪肠道菌群的多样性。在其中发现了很多罕见的种类，如类芽孢杆菌、杆菌、葡萄球菌、表皮葡萄球菌、类葡萄球菌、藤黄微球菌、假单胞菌、嗜麦芽寡养单胞菌、芽孢杆菌、梭菌等。在外行人看来，这份成分清单好像并无特别之处，但对研究者来说就像找到了微生物信息的金矿。这个中世纪的不雅之物给研究肠道微生物系统的多样性提供了许多线索。

消化道初学指南

在本书中，我交替使用了几个专业词汇，如"Gut"和"Intestine"都是肠道的意思。"Flora""microflora"和"microbiome"都指的是微生物群落。当我们说到大肠里的微生物群落，我通常把它们称作"gut bugs""intestinal microflora""microbiome"或者"gut flora"。我希望这样不会给大家造成混淆，细菌和真菌不是一回事，酵母菌是一种真菌。多数人认为酵母菌是肠道内的坏分子，但实际上并不是那样的。

肠道菌落的主要功能是从食物中汲取人体不能直接吸收的能量和营养。比如植物纤维、抗性淀粉和那些在小肠中不能被完全消化的食物。肠道菌落的功能在于把这些未消化的食物转化成脂肪、维生素、荷尔蒙以及类似抗生素的化学物质，用于它们的自我保护。

如前面提到过的，肠道微生物有约1 000亿种之多，它们绝大多数分属8个门，此外还有一些病毒、酵母菌、真菌和寄生虫。要确认所有的肠道微生物是很难的，但是我们对它的认识越来越多。可以肯定的是，一个功能良好的肠道微生态系统拥有多种不同的门、属、种，但病原体含量很低。通过适当的保护和良好饮食，你的肠道微生物能够长时间地保持你肠道功能的正常。

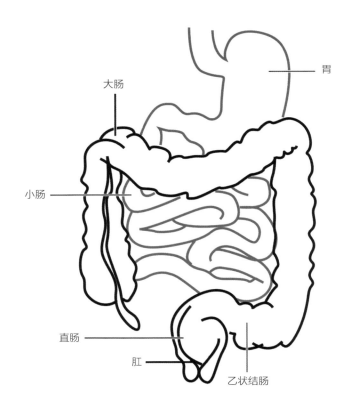

胃

大肠

小肠

直肠

肛

乙状结肠

• 我们是超级有机生物体

人体与肠道微生物的关系曾被描述为"超级有机生物体"，隐喻着人体和数以亿计的肠道微生物能够协同为一体。我们相互依赖、共同依存。这也意味着有时我们必须一起做一些事，比如吃饭、喝水、补充营养等。我们同微生物群共同进化，我们为它们提供独特的环境，它们也为我们提供人类所必需的工具和化学物质。

"超级有机生物体"的功能包括把那些不易消化的植物纤维通过肠道微生物的作用进行分解发酵、产生短链脂肪酸、转化胆汁酸、制造维生素、分解食物毒素、培养免疫系统、清除血液中的重金属等。作为"超级有机生物体"，我们可以获得食物中原本没有提供的营养和能量，以及生成在自然界中尚未发现的化合物。"超级有机生物体"作为一个整体发挥作用，但各个部分又扮演着相互独立而又非常重要的角色。在所有这些过程当中，我们的作用是寻觅适合的食物来源，并避免极端有毒的环境。

是否还记得我前面说过人体肠道中寄生着亿万计的微生物，它们一起为了人体协同工作，因而也被视作和心脏、肝脏一样重要的独立器官。值得花时间去了解是什么让你的肠道正常工作的，以便你能正确地对待它们。直到20世纪90年代，肠道的全面作用才被人们认识到，因此你也不必为自己知道的少而沮丧。

就在最近几年，研究表明肠道微生物群与糖尿病、类风湿性关节炎、肌肉萎缩症、多发性硬化、纤维肌肉疼痛，甚至一些癌症有着不可否认的关联。肥胖也可能是肠道微生物群紊乱而导致的。

• 肠道微生物的起源

几乎所有人都会惊讶，微生物在人出生以前就已经大量存在于胎儿肠道内了。一直以来人们都相信，子宫内胎儿的肠道是绝对无菌的。但事实证明，第一粒肠道微生物种子在婴儿第一次呼吸前就已经开始繁衍了。当他吸入第一口氧气时，越来越多的微生物就开始殖入婴儿体内了。这些微生物可以来自母体的产道，医生的手，空气，周围其他的婴儿等任何地方。

但是你知道，胎儿比较特殊，他的免疫系统功能很弱，不能自我防护，他的所有都要依赖母体，包括健康的肠道系统。在婴儿即将出生前，准妈妈的肠道菌群就开始发生变化和重组。通常这些变化会导致一些负面作用，比如迅速增重、情绪异常以及孕期糖尿病等，但这些都是肠道微生物系统总体规划的一部分。肠道菌群需要为母亲照顾她的新生儿做准备，而这种准备是准妈妈不能完全依靠自身就能做到的。

母体肠道里的细菌通过神秘的渠道传递给婴儿，这就是哺乳途径传播，并不是所有的肠道菌群都可以传递，只包含那些婴儿用来保护自己肠道免受疾病侵害的细菌。这些细菌可激发婴儿的免疫系统从而保护其生命的健康。一旦这些菌群在乳腺中建立，婴儿的第一餐就准备就绪了。

2012年，西班牙学者研究发现，母乳是决定新生儿体内微生物生态系统发展的因素之一。人们一直认为母乳无菌。通过新的检测方法，科学家惊奇地发现，最新的DNA排序方法证明，人类乳房中有700多种微生物，并可以隐藏于乳汁中。

被认为"无纤维"的母乳中其实含有上百种不同类型的纤维。实际上，人类的乳汁中含有的大量能量是直接为细菌、间接为婴儿而提供的。有一种特殊的纤维，被叫做"人乳低聚糖"，主要用于供养婴儿肠道内的微生物。婴儿肠道内的微生物靠这种纤维生存，并产生各种婴儿生存必需的复合化合物。这当中还有很多东西等着我们去探索。

• 牛奶和橘子酱

当婴儿出生1~2周时，他的大肠内应有相当数量的双歧杆菌。双歧杆菌是细菌家族中的一块瑰宝，它能防止婴儿腹泻、过敏、肠道胀气及疝气的发生。在我们的整个童年，双歧杆菌不可或缺。它能创造不适合致病菌生存的独特环境。当我们的饮食从乳汁转变到橘子酱时，双歧杆菌就逐步被喜欢更多饮食种类的微生物取代。同样，我们提到过的人乳低聚糖也扮演着双重角色。致病菌最喜欢人乳低聚糖，致病菌一旦发现人乳低聚糖，就会主动依附上去。这是在那些有害的肠道细菌上上演的进化"把戏"。人乳低聚糖结构上与细胞表层相似，看上去像个肠道壁表的空壳细胞。病原体会主动依附并试图寄生其中。这种把戏被称作"配体模拟"，是婴儿在出生后的几个月内保持健康并免于疾病的主要方法。否则，致病菌会在婴儿的胃和小肠内繁衍从而导致疾病。此外，不是所有的人乳低聚糖都被婴儿或其体内的微生物消化吸收，也有一些会被血液和尿液直接吸收，进一步清除婴儿体内不需要的致病菌。记住"配体模拟"这个概念，这对成人也很重要。

• 剖宫产婴儿与微生物

看起来自然界用尽了各种机缘确保婴儿体内充满特定细菌，并且给婴儿及它体内的微生物提供了足够的食物。但对现在越来越普遍的剖宫产手术或者非母乳喂养，情况又会怎样呢？

婴儿的健康受到几方面因素影响。体重超重的母亲的乳汁中微生物种类相对较少。分娩方式也会影响乳汁中的微生物含量。计划剖宫产的母亲的乳汁中微生物种类要比那些紧急采取剖宫手术分娩的母亲少很多，推测这与自然生产带来的压力和荷尔蒙分泌有关。同时，婴儿在经过非产道的途径来到这个世界的时候，自身也会接纳一些完全不同的微生物进入其体内。自然出生的婴儿，其肠道微生物系统在一个月内发展稳定。剖宫产的婴儿，要花6个月才能形成稳定的肠道微生物系统。配方奶粉喂养的婴儿与母乳喂养的婴儿相比，两者的肠道菌落有很大区别。据说母乳喂养优于配方奶粉喂养：

• 含有抗感染的活性白细胞和天然化学物质，可以为婴儿在第一个月内提供强化保护

- 据美国儿科研究院报道，能够防止婴儿猝死综合征
- 含有完美的适合婴儿的营养配比，包括蛋白质、碳水化合物、脂肪和钙
- 易消化
- 预防过敏和哮喘
- 减少将来的肥胖风险
- 含有促进脑发育的脂肪酸
- 母乳喂养可以使母亲减重更容易

• 血清素

血清素，也叫5-羟色胺，是一种单胺类神经递质，由色氨酸衍生而成。它主要负责人的情绪、睡眠、胃口、记忆和认知功能。人体内90%的血清素产生于肠道，它的作用也不仅仅局限于脑部。

血清素对人体的肠道蠕动、血液凝结、血管收缩都起到重要作用。血清素的受体遍布全身，一旦附着于受体，血清素能够控制氨基酸、谷氨酸、乙酰胆碱、多巴胺、肾上腺素等神经递质和皮质醇、加压素、催生素、催乳素和类胰岛素等荷尔蒙的分泌。通常所用的抗抑郁药物往往也是对这些受体进行干预治疗的。

当你的肠道遇到刺激性食物的时候，血清素会迅速释放加速肠道蠕动，有时会引起呕吐和腹泻。导致呕吐的血清素受体被称作5HT3，是化学疗法中控制恶心的关键。

来自爱尔兰科克大学的科学家研究发现，早期肠道细菌的缺乏可能会导致后期大脑功能障碍（由血清素缺乏引起的），即使后期对肠道细菌进行调节也不可逆转障碍。这是肠道功能影响脑部发育的典型案例，因而在给儿童服用抗生素前应该慎重。

• 成年人的微生物菌群

通常人在3岁时，体内的肠道微生物生态系统就已经发展到成年人的那种成熟状态了。对婴儿或成人来说，并没有哪种肠道菌落是独特的，但模式却是独特的。这些模式随着我们的成长、旅行或者饮食的变化而发生改变。肠道微生物系统的建立是个进化的过程。伴随健康成长的需要，菌群会逐渐增加多样性，这对你生活的方方面面都很重要。人在2岁时，肠道菌落将通过以下的循环方式来发展：

- 营养吸收和食品发酵
- 激活寄主免疫系统
- 对病原体的屏障效果

通常人在10岁以前就完成了这个进化过程，在健康成人体内，肠道生态系统表现得相当稳定。很久以前，人们吃天然食物，日出而作，日落而息，饥时进食，吃一些微生物，也经常挨饿。最近的研究表明，扰乱肠道微生物系统的最大威胁来自：

- 环境
- 饮食
- 压力
- 抗生素
- 年龄
- 季节

这些威胁因素可以通过一些小窍门得到缓解。

只要适当注意，我们的肠道微生物系统本应能够让我们健康长寿。然而，随着年龄的增长，我们的肠道微生物系统也会发生改变，并在老年时显示出不良影响。我们无法阻止身体变老，但我们可以掌控如何变老。

最新的研究发现，老年人的肠道菌群结构的改变可导致免疫系统或者胃部淋巴功能降低。胃部淋巴组织改变会让人更容易受到感染，这对老人是很大的麻烦，尤其是那些起居需要他人照料的老人。肠道淋巴组织的减少会使微生物的生长失控，从而无法阻止病原体对有益菌的侵害。这是一场没有硝烟的斗争，黏液、防卫素、抗菌肽在老年人体内明显减少。这样下去就容易进入"死亡漩涡"，防御功能的减弱会引发局部感染，感染有利于大量的病原

细菌和病毒的繁殖，如此循环往复的病原体侵袭会导致整个肠道系统的大面积感染，这样的感染反复发作就被称为"老年性感染"。

近年来有观点认为，从进化论的角度上，我们人类的微生物系统在人类衰老的过程中扮演着"计时器"的功能。通过提供新陈代谢和防御功能，肠道微生物能够在早期使人身体健康，但是经历进化的波折命运，肠道微生物也会试图消灭不健康的老年人，从而给年轻人留下更多的资源空间——生命是很残酷的。

这是残酷的现实，事实上当我们衰老时，身体的其他系统也会退化，包括肠道微生物系统。如果这些发生在高龄人身上，那也是正常的。但在现代社会中，这种退化呈现年轻化趋势，以前只有在老年人身上发生的病例也会出现在三四十岁的人身上。

人体及其体内的肠道微生物并不以相同的速度衰老。目前的科学研究表明了肠道功能对人体衰老具有重要作用。如果把肠道及其微生物作为人体的独立器官，那么我们不能阻止衰老，但却可以控制如何衰老。饮食、压力、睡眠和环境因素是相对容易掌控的。即使一个简单的改变也可以对肠道微生物系统产生深远的影响，与年龄有关的疾病可能只属于那些真正的老人，人们可以在他们生命的最后年华中拥有相对健康的身体。

• 大脑与肠道的关系

由于某些肠道微生物可以分解出脑内化学物质（神经传导物质），精神分裂、抑郁、躁动等精神障碍以及其他神经传导物质的不均衡都极有可能与不健康的肠道微生物系统有关。肠道微生物系统与大脑灰物质之间有不可否认的相互联系，这被称作"大脑—肠道关联"。人们很久之前已经认识到人的大脑可以控制胃：一想到公开演讲，你会觉得胃里像有蝴蝶翻飞，见到一个恐怖的犯罪现场会让你感到胃打结。科学家们还发现消化过程仅是在想到美味食物时就开始了。

然而，大脑与肠道系统的联系为双向关联是最近才发现的。在最近一期的《科学美国人》杂志中这样描述了大脑与肠道系统之间的关联：

"从食道到肛门的约9米的消化道内壁上布满了神经元，这被称作肠道神经系统，也被叫做第二大脑，包含了一亿个神经元细胞，比脊髓或者外围神经系统还要多。肠道神经系统内的多种神经元细胞使我们能感受到肠道内的世界。"

这个令人惊奇的关于大脑与肠道系统之间关联的新发现，足以成为让每个人重视自己肠道健康的充分理由。长久以来，没有人会想到我们的大脑与肠道系统之间会有什么联系，但这却是存在的。那是什么发生了改变？答案显而易见。从前，我们都认为出生时就具备了完美的肠道，在其后一生的摸爬滚打中它会变得更好。如今，这种说法站不住脚了。假如我们在出生时碰巧拥有了大量的肠道细菌，那在服用第一轮婴儿抗生素，以及断奶后开始吃垃圾食品时，这些细菌就开始走下坡路了。这就是我们为现代生活付出的代价。

- ## S因素

对人体健康影响最大的因素是睡眠。失眠会导致你的健康迅速恶化。一种叫做S因素的肠道分泌素能够证明大脑与肠道系统存在关联。人的睡眠周期中有个时期叫做慢波睡眠期。这个周期指的是深睡眠，也就是大脑从日常活动中恢复，新的认知被"剪切粘贴"至大脑的长期记忆驱动器。在这个时期内，人体生长激素分泌，并同时做梦。这个睡眠周期的阻断会导致尿床、梦魇、梦游，换句话说，这是我们40分钟瞌睡中非常重要的部分。

肠道微生物对好睡眠有很大的保障作用，进而影响到整个生理机能的健康。肠道细菌想让我们记住保持健康的路径，并希望我们能有力量再次达到。S因素就是肠道细菌如何使我们做到上述事情的。当动物昏昏欲睡时，S因素在大脑内聚积，促进睡眠发作并进入慢波睡眠期，此外，其他的脑内化学物质，例如你已经知道的由肠道微生物分解产生的血清素和褪黑素，有益于我们进一步做美梦、休息和恢复。

- ## GABA伽马氨基丁酸盐

贝勒医药学院和得克萨斯州儿童医院的研究者发现，人体肠道内产生神经递质的共生菌在预防和治疗节段性回肠炎等炎性肠疾病时起到重要作用。

伽马氨基丁酸盐是一种抑制哺乳类动物神经中枢系统的主要神经递质，能够调节神经系统兴奋。在人体中，伽马氨基丁酸盐主要直接调节肌肉兴奋。贝勒医药学院的学者发现，一种叫做齿状双歧杆菌的微生物能够分泌大量的伽马氨基丁酸盐。

伽马氨基丁酸盐有一个有趣的副作用是能够消炎。肠道内的免疫细胞都具有伽马氨基丁酸盐的受体，该受体一旦被激活，炎性反应就会降低。因此，研究学者认为齿状双歧杆菌可用于降低肠道炎性疾病导致的炎性反应。

- ## 免疫系统

免疫系统能够在保持对人体有益微生物的同时，识别并吞噬有害的病原体。婴儿一出生，各种细菌、真菌甚至病毒就会侵入其体内，最先抵达婴儿免疫中枢系统的微生物决定了其一生的免疫水平。

我们大多数的免疫系统都位于肠道内。这样安排非常合理，因为我们的肠道通过食物和水与外界不断进行交互。肠道淋巴组织由一种叫做派尔斑块的特殊免疫细胞组成，是人体内最大的免疫系统器官，包含了人体70%的免疫组织。派尔斑包括B和T细胞两个特殊受体，它们能够识别并破坏病原体和病毒。

简单来说，这些遍布肠道内壁的派尔斑块是很聪明的装置，它能够学会识别有害细菌和病毒。当派尔斑块能够识别某种输入性病毒并对其建立防御的时候，你就具有了对这种病毒的免疫力。

- **内部的外部**

某种意义上讲，肠道的内部也是人体的外部。试想一下，就像皮肤一样，肠道会受到外界攻击。但与皮肤不同的是，你的肠道必须能够从食物中吸收矿物质、维生素和能量，因此它唯一的途径就是同时杀死那些它不希望进入体内的物质。

传统观点或是医学院教学认为，免疫系统就是一系列能够去除病原体的器官、组织、细胞以及化合物的复杂组合。但有新观点认为我们的免疫系统已经进化到可以控制微生物的程度，这些微生物也控制着免疫系统。当免疫系统没有处于顶级的工作状态时，就会引发连锁反应，导致自身免疫条件改变和炎性疾病，例如多发性硬化、银屑病、青少年糖尿病、类风湿性关节炎、节段性回肠炎、自身免疫性葡萄膜炎等。主流医学界越快地认识到微生物系统及饮食对调节肠道免疫系统的作用，我们就能越快地彻底消灭很多疾病。

肠道内的派尔斑块、T和B细胞是人体免疫系统的第一道防线，然而它们需要很多能量。我在前面提到过，肠道细菌的重要功能之一就是生成短链脂肪酸。那么是什么能够激发人体肠道内的免疫系统呢？就是短链脂肪酸。这种特殊的脂肪可将不成熟T细胞转化成强壮的正常T细胞，并使整个肠道内壁得到强化。目前获取足够短链脂肪酸并激发免疫功能最有效的办法就是摄入足够的膳食纤维，特别是抗性淀粉，这在土豆黑客法期间可大量获得。

- **预防过敏反应**

肠道细菌抗过敏的能力与免疫系统密切相关。过敏反应实际上是免疫系统对非有害物质的过度反应。

我说过吧？肠道细菌是个神奇物种。它们已经进化到能够通过其外表上的叫做Toll样的受体来识别任何有害物质。这种识别一旦成立，它们便立刻活跃起来并开始呼救。救助的形式可以是杀灭病原体或修复有毒物质或辐射造成的损害。

肠道细菌也会出现"口服耐受"现象。所谓口服耐受是指婴儿常常把各种物质放入口中，肠道细菌能感知这些不同的"品种"并储存于数据库中以备日后参考。通过这种方式，婴儿训练了免疫系统，以备将来再次遇到同样物质时进行反应。口服耐受也可用于成年人对特定病原体免疫的训练。将微量已知病原体放入口中，肠道细菌能够通过神秘途径识别出病原体并对其产生抗体。当这个系统被破坏时，致病菌在肠道中得以生存繁殖，导致大面积炎症发生，而剩下的益生菌会为了保护宿主健康而拼命抗击，从而进一步加剧过敏反应。

- **抑制致病菌的生长**

肠道微生物系统作为一个整体，还具有屏障效应，也就是说它能够将致病菌、病毒或其他有害生物赶出肠道。这种屏障效应也叫做竞争性排除，它依赖有益菌的健康活跃生长最终排挤掉有害菌。这是肠道微生物系统的自然进化，也是世界大小万物的进化之道。

这种屏障效应能够保护我们免受外来物种以及那些仅少量存在于我们体内并发挥有益作用的物种的侵袭。人类体内有些有益菌以其他有益菌为食。因此，这些微生物不仅对我们有益，而且它们互惠互赢。正是这种紧密依存进一步强化了屏障效应，使入侵种类无法侵入。

屏障效应会因那些拥有特殊防御素和细菌素的细菌和真菌而得到强化。一些肠道细菌能够产生大量的短链脂肪酸，可以降低肠道内的酸碱值，形成对病原体不利的生存环境。

屏障效应的优劣取决于它的宿主，不给你的肠道细菌提供它们喜欢的食物，用抗生素杀死它们或生活在高压下，那么你在从根本上摧毁屏障效应。反之，多食用肠道细菌喜欢的食物，如抗性淀粉、植物性纤维等，少摄入它们不喜欢的食物，你的肠道就能固若金汤，坚不可摧了。

结语

  自人类思维意识进化以来，人体的肠道一直是个令人着迷的话题。但不幸的是，我们对自己体内从食道到直肠的这二十几英尺肠道的认知还不如对太阳系的了解多。近年来，透过对引起我们疾病和不适的大肠杆菌和沙门氏菌的研究，我们才开始关注到这些寄居在我们肠道里的微生物。现在我们不再只是挑选我们需要的肠道细菌，而是立足于如何构建完美的肠道并系统学习肠道细菌。近几十年来的信息爆炸让我们对人类肠道的认知迅速丰富起来。我们收集世界各地的数据，科学家们为了人类物种的健康兴旺，对人体90%的基因进行了登记和分类。在最近的一百年里，抗生素破坏了我们的肠道，如果这种破坏具有不可逆性，那将会剥夺我们子孙后代健康长寿的希望。

  与其让每个人了解自身复杂的肠道系统，不如让大家知道如何让自己的身体保持健康。人体就像一台汽车，当你看到"检查引擎"灯亮起时，你要知道该怎么办才好！人类物种的"检查引擎"灯已经亮了几个世纪，我们也已过了保修期。不要期望科学、医药或巫医术士能够拯救你。你就如同抛锚在沙漠的中央，没有拖车来帮助你。秃鹰在头顶盘旋，下一步的行动得靠你自己。

后记

  如果土豆黑客法让你的胃感到不舒服或你没有就此喜欢上土豆，那可能是因为你的肠道微生物们还没有习惯吃土豆。但就目前来看，全世界大多数人每星期都会吃掉数磅的土豆，因此可以看出土豆是适合大多数人的。

  如果这种疗法对你奏效，比如体重减轻同时感觉良好，那么就考虑将吃这种淀粉型的根茎植物变为生活的一部分吧。但是别就此停步，还要为你的肠道引入更多的淀粉型天然食物，比如米饭、豆类、绿香蕉等，甚至是一两勺土豆淀粉，那可是我的最爱！

土豆格言

你应该膜拜并赞美土豆！

——Dr. John Mc Dougall

笔记

第**12**章 有问必答

你会很惊讶怎么有这么多关于土豆黑客法的疑问，我想我已经把大家可能问到的问题都进行了解答，当然还会有其他的问题。我喜欢有人提问，我自己也喜欢提问，在课堂上，我总是那个举手提问的人。请看以下关于常见问题的解答，如果你还有一些需要回答的问题，请浏览我的博客www.potatohack.com并进行提问。

我把这些常见问题分成了三类：
- 土豆黑客法的问题
- 抗性淀粉的问题
- 一般健康的问题

土豆黑客法的问题

提问：我能用其他单一食物代替土豆吗？

回答： 也许可以。我只是研究了土豆的使用。甘薯和山药最有可能成为替代品。我怀疑大多数食物，尤其是肉类或绿色蔬菜也可以有很好的效果。几天内只吃单一的食物也许会让你减去一些体重，然而土豆黑客法的神奇效果在于土豆本身。土豆本身含有一种特殊化学组合成分，可以很好的促进长期减重和短期脂肪燃烧。在本书的科学章节中都提到这些知识。

提问：我可以同时吃其他食物吗？

回答： 在土豆黑客法期间，在土豆加肉的变换花样中是可以加一点肉的，但如果想要最好的效果，还是坚持只吃土豆。土豆黑客法的神奇效果有部分源于它的简单易行。如果你吃的东西不是土豆，那就是错误的。

提问：土豆需要削皮吗？

回答： 视具体情况而定。如果土豆有绿斑或芽眼，就需要削皮。如果是从大型连锁超市买的没有有机标识的土豆，也需要削皮。除这些情况外，土豆都可以不削皮，土豆皮含有很多的纤维素。

提问：值得多花钱买有机土豆吗？

回答：我觉得值得。我获得了生物技术学位，但我并不是转基因食品的粉丝，尽管这个领域的大多数人对此不以为然。很难一下判定一种食物是否属于转基因，除非它特别标有"有机"标识。除了转基因问题，有机产品不会使用那些普遍用于常规土豆的化学制剂，如杀虫剂、除菌剂和除草剂等。有机土豆也没有那么贵。

提问：为什么打鼾者在土豆黑客法期间停止了打鼾？

回答：我确信这与土豆强大的抗炎作用有关。喉咙有很多组织（如淋巴腺、扁桃体、唾液腺等）都容易发生炎症。炎症小小缓解一下就足以让打鼾者享受一晚的好睡眠了。

提问：你最爱的土豆菜谱是什么？

回答：无油的薯饼。

提问：如何烹制紫土豆？

回答：很酷不是吗？紫土豆被烹饪后仍然保留了原来的紫色，它们为土豆沙拉增添了新的乐趣，特别是在7月4日独立日这天。让它们呈现紫色的抗氧化物被证明有一些特殊的抗癌作用。紫土豆吃起来味道和普通土豆差不多，而且可以在同样的环境生长。

提问：在土豆黑客法期间我必须把土豆煮了并冷藏吗？

回答：不需要，但是建议你可以一次做一锅土豆，以便紧急时当零食吃。你不必担心抗性淀粉问题，无论怎样土豆黑客法都是一种含高抗性淀粉的饮食。

提问：是不是所有的碳水化合物都会让我发胖？

回答：不是。大多数意外增重是因为过量的饮食和胰岛素的抗性。土豆黑客法可以改善这两方面的问题。

提问：我不会掉肌肉吧？

回答：3～5天内不会。你的身体喜欢肌肉，所以会尽可能长期维持原有的肌肉量。当你不是在饥饿状态时，身体会保留肌肉而燃烧脂肪。另外，土豆是很好的蛋白质来源。

提问：土豆黑客法期间我可以锻炼或健美吗？

回答：当然，你可以做任何你想做的运动。但是为什么不休息一下呢？也许你正需要休息。

提问：多长时间的土豆黑客法更为安全？

回答：Chris Voigt设定60天为限。我建议3~5天的一个持续周期，坚持14天。我最喜欢推荐的时间是2周，出于一些营养缺失的考虑，因此补充营养后重新开始，这样不会让你前功尽弃。

提问：土豆黑客法对生酮饮食有何影响？

回答：很难说。这取决于你在生酮饮食期间胰岛素抗性的提升水平。土豆黑客法通过让身体燃烧更多的脂肪来促进酮的转化。看起来很疯狂，但是可以通过尿酮检查测出来。

提问：土豆黑客法对肠道菌群的影响？

回答：肠道菌群喜欢土豆黑客法。实际上最让土豆黑客法独领风骚的一个原因就是它对肠道菌群的作用。长期食用富含丰富抗性淀粉的土豆，你的肠道菌群得以成长和进化，土豆黑客法可以创造出一个多样化的肠道生态系统，而这种多样化正是我们在西式饮食中难以实现的。详见我关于肠道的讨论结果。

提问：为什么在Paleo®（旧石器时代节食法）中禁止食用土豆？

回答：这是非常愚昧的做法。"官方"解释是因为我们的远祖时代没有土豆，所以我们也不吃土豆，但是山药是有的，也被禁止。"非官方"解释是因为土豆含有大量碳水化合物，而旧石器时代节食法是一种低碳水化合物的节食，因此这种传言就慢慢扩散了。

提问：在怀孕和哺乳期间可以进行土豆黑客法吗？

回答：我建议不要在怀孕期间进行，因为土豆黑客法无法让你摄入足够的能量来满足你和胎儿的需要。土豆黑客法在哺乳期是完全可以的，不过尽管如此我也不推荐在哺乳期进行土豆黑客法，毕竟在这种情况下喂养孩子会给自己增加不必要的压力。

提问：糖尿病患者可以进行土豆黑客法吗？

回答：慎重考虑。如果你正在控制血糖，请花点时间搞清楚土豆黑客法对你血糖的影响。不需要药物控制的糖尿病早期患者可以通过土豆黑客法达到正常，而控制比较好的T2D型糖尿病患者则可以减少用药。T1D型糖尿病则仍然需要进行胰岛素治疗并持续监测血糖。

提问：用不超过10个词来说服我尝试土豆黑客法。

回答：简单、便宜并且无饥饿感。

提问：CICO、SAD、PH、FBG、PP、BG、RS这些缩写代表什么？

回答： CICO指卡路里的摄入和消耗，SAD指标准美国饮食，PH指土豆黑客法，FBG指空腹血糖，PP指餐后血糖，BG指血糖，RS指抗性淀粉。

抗性淀粉的问题

提问：什么是1型、2型、3型和4型抗性淀粉？

回答： 抗性淀粉的不同类别。

提问：哪种抗性淀粉最好？

回答： 没有所谓的最好，只有不同种类。所有不同种类的抗性淀粉都被研究证明能有效地改善人类的肠道健康。

提问：抗性淀粉难道不是纤维素么？

回答： 是的，而且它是一种能优先作用于肠道有益菌的可发酵纤维素。

提问：我读过*Fiber Menace*，纤维素对人体有害吗？

回答： 不会。*Fiber Menace*是在科学证实肠道菌群重要性之前出版的书籍。肠道菌群在过去都被认为是坏的东西，现在大家都知道了肠道菌群对人类健康的重要性，并且菌群需要纤维素帮助繁殖。

提问：需要在土豆黑客法期间补充抗性淀粉吗？

回答： 不需要，土豆黑客法本身就富含丰富的抗性淀粉，所以不需要额外补充，但是你要是想补充也是可以的。

提问：你为什么喜欢土豆淀粉？

回答： 自己在家就可以做，而且这个是少数没有被商业化的营养补充剂之一。

提问：什么是吸混作用？

回答： 淀粉颗粒通过胃肠道吸收（学术上叫"吸混"）并进入血液循环。有一些论文推测说这会对身体有害。然而你吃的每一顿含淀粉的食物都可能导致淀粉颗粒的吸混作用。如果这是危险的，我想现在我们应该已经知道了。致病菌可被吸附在淀粉颗粒上，从这点来说，吸混作用是有好处的。血液里的淀粉颗粒可以帮助身体清除这些致病菌。

提问：我们一天需要摄入多少抗性淀粉或者纤维素？

回答：最好每天从食物里摄入30～50克的纤维素，如果达不到这个量，可以补充一些土豆淀粉、菊粉或者你喜欢的纤维素。

提问：在哪可以找到一个不错的标注抗性淀粉含量的食物清单？

回答：没有。土豆、生香蕉、豆类、玉米、谷物、小麦和大米都是很好的抗性淀粉来源，但是含量会随植物成熟度和加工烹饪方式而产生变化，因此确切的含量要通过实验室对每种食物进行检测才可以得出。

提问：为什么摄入抗性淀粉会放屁？

回答：放屁是肠道细菌发酵的表现。也就是说细菌在肠道里吸收抗性淀粉并产生气体，他们还同样产生大量的混合物，例如丁酸盐。

一般健康的问题：

提问：如何判断我的肠道是否健康？

回答：得看你的感觉。如果你有经常性消化不良的症状，频繁放臭屁，习惯性腹泻和便秘，这些都是不健康的肠道表现。如果你每天排便，也很少出现消化不良和胃灼热，并且什么都能吃，那你的肠道就是健康的。有些人可能需要一生的努力来修复肠道健康，有的人则仅需饮食的转变就可以实现。

提问：是否有一些特殊的肠道细菌是我们需要的？

回答：当然。通过吃素食你可以获得所有的有益菌，但目前科学的研究成果还无法告诉你具体缺少了哪些细菌。

提问：什么是SIBO、IBS、IBD和肠漏症？

回答：SIBO是指小肠细菌过度生长，IBS是指肠道易激综合征，IBD是指发炎性肠道疾病。所有这些肠道疾病都可以通过食用抗性淀粉和进行土豆黑客法改善。

提问：益生元和益生菌有什么区别？

回答：益生菌是帮助你补充自身细菌的有益菌，例如双歧杆菌。益生元是肠道中已有细菌的食物，并认为是主要刺激有益菌的生长，而不是致病细菌。

提问：最好的节食计划是什么？

回答：一是你能赖以生存的，二是包含丰富的植物营养，三是不排斥任何真正的、全营养的食物，四是避免现代的、加工的食物。

• 非专家效应

在你开始觉得我回答了所有问题之前，我需要澄清一件事情。我不是一个专家，我只是一个一直谈论这些事情5年的人而已。每个伟大的节食方法都有相关的专家，例如：Loren Cordain的旧石器时代饮食法（Paleo Diet®），Atkins博士的阿尔金饮食法（Atkin's Diet®），Agatston博士发明的迈阿密饮食法（South Beach Diet®）和Jenny Craig饮食法等。

这些有注册商标的节食法都挺赚钱的。他们不仅出版书籍，发行电视节目及影像制品，还创造了对许多相关产品的需求。有注册商标的节食法和他们教派般的倡导者变成了一个产业。我反感专家，也反感将节食方法变成一种信仰。我反感人们坚持一种节食方法是因为他们投入了金钱与情感，但还没有看到回报。素食主义者和肉食主义者之间的争论一直不断，低碳水化合物和高碳水化合物之间的较量也从未停止，但这些都毫无意义！每个人都不一样，在那些华而不实的广告营销和专家说服下，我们正被步步卷入这些节食法而不自知。从赛百味的代言人 Jared Fogle的案例可以看出专家效应对一个人的影响。

土豆黑客法没有专家效应。我喜欢谈论土豆黑客法，但它将不会形成一个产业……因为它不涉及金钱。实际上，土豆黑客法和其他节食法迥然不同。每个尝试过，喜欢它的人都可以成为专家。土豆黑客法是可以定制的，它有数百种搭配组合，我毫不怀疑有人试图将土豆饮食资本化，如以成本两倍的价格售卖"完美"土豆，出售可以让土豆黑客法更有效的神秘草药，或者发明一些方法赚走你在土豆黑客法上节省的钱。

我想那些节食家（Big Diet）会质疑土豆黑客法。我相信很快就会有人宣称土豆黑客法是骗局或是有危险性。这本书的目的在于让大家从节食产业中解脱出来。看清节食家和他们的专家言论。我已经竭力向你展示了1849年的发现，这一发现至今依然有效。朴实的土豆蕴藏了伟大的希望，让我们从商标化节食法的束缚中挣脱出来，重获自由。

我唯一坚持让你买的东西就是土豆。

土豆格言

世界上只有两件事不能开玩笑，一是土豆，二是婚姻。

——古爱尔兰谚语

笔记

附录A 土豆的历史

　　土豆的魔力大多来源于人们和淀粉类食物的共生关系。即使最初的原始人没有食用过土豆，他们肯定也食用过含淀粉的块茎植物。事实上，在人类直立行走之前，他就在吃淀粉食物。人们吃甘薯、根茎、种子以及其他我们今天还不认识的淀粉类食物，直到人类从非洲大陆迁徙到其他地方。当向北迁移到较冷的欧洲，人们发现了香蒲、燕麦、小麦和其他淀粉类谷物。那些向东迁移的人随着进化，发现了其他淀粉类的替代食物。在亚洲，他们发现了各种各样的块茎、葫芦和根茎类植物，但是他们还是非常依赖从西米棕榈树中提取出来的西米淀粉。

　　沿着白令大陆桥，在寒冷的北方，他们用爱斯基摩土豆（山岩黄耆）和长在冰川沉积物上的草籽做食物。当人们往南进入北美洲，他们发现了豆类、南瓜这样的新的淀粉类食物。

马丘比丘，秘鲁，印加，安第斯山脉（Pixabay.com）

在墨西哥北部，我们发现了玉米。7 000多年前，人们沿着南美洲西海岸，定居在葱翠的山谷和安第斯山上，就是在这里，他们发现了土豆。

在高高的、狂风肆虐的、坚硬的山坡上，人们发现了一种不像食物的东西。在离海平面15 000英尺高的地方，安第斯山早期的定居者被土豆的活力、储藏能力震惊了。他们发现，在食物匮乏的大多数时间里，可以依靠土豆生存。多亏了土豆，6 000多年的时间里，这一地区的文明持续繁荣发展。

1493年，查尔斯·曼在他的书里描述了安第斯的印加人是如何使用土豆的。

> "土豆似乎并不是最佳的驯化对象。野生块茎植物含有茄碱、番茄素和有毒物质，用于抵御真菌、细菌及人类这些危险生物的攻击。烹饪经常会破坏植物的这些防御措施，比如许多豆类经过浸泡、加热后食用会很安全，但是茄碱和番茄素并不会被锅煮、微波炉烤这些行为所影响。安第斯人通过脏着吃——准确地说通过黏土，将植物里的有毒成分中和了。在高原上，原驼和小羊驼（美洲驼的野生品种）在吃有毒植物前先舔一下黏土。植物茎叶中的毒素更多地被细腻的黏土颗粒吸收了。正是黏土的作用，有毒物质经过动物消化系统时不会对其造成损害。模拟这个过程，印第安人将土豆浸泡在黏土和水做成的汤汁里。他们逐渐培育出了无毒的品种，而一些抗寒能力强的有毒品种仍然被保留。山区市场还在卖成袋的黏土，伴随着土豆出现在人们的餐桌上。"
>
> ——查尔斯·曼，2011

人类的确受益于土豆的发现。几千年后欧洲人到达安第斯地区时，他们发现当地人以各种能想到的方式吃土豆：

> "安第斯的印第安人吃土豆就像欧洲人、北美人一样，煮着吃，烤着吃，捣成泥吃。但是他们还用高原之外鲜为人知的方法吃土豆。土豆被煮熟、剥皮、切碎，晒干后做成土豆干（西班牙语：papas secas）；在不流动的水里发酵数月后，形成黏性的、散发着香味的Toqosh；碾成浆状，在罐子里浸泡，过滤后形成土豆淀粉（西班牙语：Almidon de papa）。还有一种到处可见的，叫做Chuno的土豆干，这种土豆干是在寒冷的夜晚将土豆摊开冷冻而成。当土豆被摊开时，土豆细胞壁内的冰穿破了细胞壁。第二天早上太阳出来，融化了冰冻的土豆，晚上土豆继续被冰冻。冰冻、融化这样循环往复，土豆变成了软软的、多汁的一团。农民们将水分挤出，做成Chuno（像植物结节一样坚硬的泡沫状，比原来的块茎缩小大约三分之二）。长时间的曝晒使它们变成了灰黑色，它们可以煮在辛辣的安第斯炖菜里，像汤团，如同意大利中部人喜爱的土豆粉团一样。Chuno可以在不冷冻的条件下保存数年，这也意味着它可以存起来以备收成不好时食用。正是这种食物支撑了征服印加的军队。"
>
> ——查尔斯·曼，1493

Chuno（冻干土豆）：Eric in SF摄制（CC BY-SA 3.0）

亚马逊和其他市场里有许多这样的传统土豆菜品。

当第一批西班牙征服者登陆南美洲时，他们被土豆惊呆了。1570年，土豆第一次运到欧洲，并且改变了历史。

土豆被引入欧洲

虽然土豆繁殖力强且耐寒脊，但西班牙人仅仅将它们局限给"低等人"食用，它被提供给医院病人和监狱犯人。大约用了三十年，土豆才逐渐在欧洲普及。1780年，爱尔兰人将土豆用来做丰富的、有营养的食物。不像其他大多数农作物，土豆含有维持生计所需的大部分维生素。可能更重要的是，土豆可以在一英亩[1]土地上产出可供大约10个人所需的给养。这是19世纪早期人口激增的一个重要因素。当然，19世纪中叶，爱尔兰人非常依赖这种农作

---

[1] 1英亩≈6.07亩，下同。

物，以至于它的歉收引发了一场饥荒。

在法国，土豆被安托·奥古斯汀·帕门蒂尔（Antoine Augustin Parmentier，土豆的标志性人物）引入社会。这位智者看到，土豆丰产且营养丰富的特性将会给法国农民带来极大福利。帕门蒂尔先生是一名药剂师、化学家，受雇于国王路易十五。帕门蒂尔在七年普法战争中成为战俘，在此期间发现了土豆的益处。土豆使他非常震惊，以至于他发誓土豆将成为法国餐饮的主食。他采取了一种迂回策略来使法国人认识到土豆的优点。

"1847年在斯基伯林，西黄柏现场"，科克艺术家詹姆斯·马奥尼系列插图（1810—1879），由伦敦新闻画报1847年出版

根据历史书记载，帕门蒂尔在巴黎郊区找了一块贫瘠的土地，种了50英亩土豆，白天有一名看守看着。这一举动引起了周围人的注意。晚上看守休息，当地人纷纷去看到底怎么回事。许多农民相信这种作物肯定很值钱，于是从地里"偷来"一些土豆，种在自家花园的地里。对土豆的抵制就被人们的好奇心和种些值钱的新产品以改善现状的渴望抵消了。

土豆（重新）进入美洲

很快土豆经过大西洋重新回到北美洲。随着时间的推移，土豆逐渐成为世界主要的淀粉来源。但是没多久，19世纪40年代，晚疫病席卷整个欧洲的土豆作物，造成了依赖它生活的人口大量减少和背井离乡。在爱尔兰，这场疫病使得爱尔兰人口数量下降了一半！

我不认为许多人从1700年到1800年的爱尔兰事件中认识到了土豆的重要性。在土豆作为农作物之前，绝大多数人从燕麦中获取营养。燕麦作为主食是有问题的，因为经常出现饥饿期。大约1600年土豆被引入爱尔兰。到1700年，土豆取代了之前的燕麦，甚至种的更多。在种不了燕麦和其他农作物的地里，土豆长势良好。成千上万的家庭靠一英亩土地生活，通常是养一头牛，再种上一片土豆。就这样一英亩又一英亩，爱尔兰的土豆种植面积很快超过了已知的其他农作物。

从许多方面来看，18世纪晚期到19世纪早期，大约一半的爱尔兰人依赖于土豆和家里奶牛所产的一点牛奶生活，季节性地吃些鱼，但是很少吃其他的肉。根据历史记载，这一时期人口增长，食用土豆的人身体健康、精力充沛。许多调查表明，爱尔兰人每天食用土豆多达14磅（一个成年劳动力），妇女、儿童和老人少一些。一天三餐，人们将土豆和就着牛奶、水或者威士忌一起食用。

对土豆完全依赖导致了爱尔兰的没落。19世纪40年代，被称为"土豆晚疫病"的细菌性疫病导致土豆作物连续歉收，引发了大规模营养不良和死亡。

最近100年

最近100年的时间里，文明世界开启了一种与土豆的崭新关系。虽然土豆被列为第四大农作物（排在小麦、谷物和稻米之后），但是土豆几乎没有以完整和新鲜的形式被食用。土豆已经成为快餐业的主力军，其中炸薯条占据了"即走即食"快餐的中心。薯条、油炸土豆丸子和薯片这些深度油炸土豆食品的消费量已经远远超过了煮土豆、烤土豆。即使食用新鲜土豆，它也更多地被用来和黄油、酸奶油和培根一起食用。

土豆可以当做健康饮食，但是要以天然方式来食用。19世纪40年代，土豆主要的食用方式是烤、烘、煮或蒸，只有这样吃土豆，它才是超级好的食物。

附录B　让我们开始种土豆吧！

　　土豆是我最喜欢的园艺作物。它们拥有漂亮的叶子和花朵，无需特别照顾，并给投资带来丰厚的回报。在我位于偏远的阿拉斯加北部的小农场里，10多年来我一直种植着一大片土豆。我通常每年可以收获300~400磅土豆。在9月下旬收获后，这些土豆一直储藏在我车库里直至来年四月。等到积雪一融化，我就把剩下的土豆又种在地里。

发芽的土豆（作者摄影）

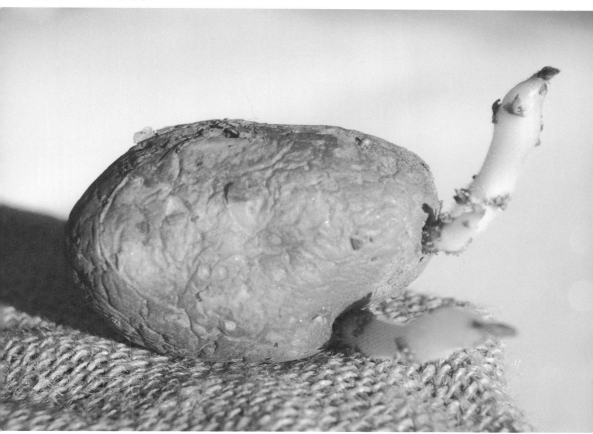

- **为什么要种土豆？**

　　超市里的土豆是一种规模化生产的商品。除非是有机产品，否则它们毫无疑问地被施过农药。规模化种植的土豆都被喷洒了杀虫剂和除草剂。收获前，一些农民还施用农药杀死叶子以便于挖土豆。收获之后，土豆还用杀菌剂和抑芽剂处理，以抑制进一步生长。

　　给土豆喷洒的最坏的农药很可能是抑芽剂。超市中售卖的土豆被普遍发现一种抑芽剂（氯苯胺灵）的残留高出了美国农业部和美国食品药品监督管理局限制的安全水平。受这个近期发现的安全事件影响，美国环境保护署（EPA）将氯苯胺灵列入了"氨基甲酸酯"类别，并对在土豆上允许的残留量设定了严格的标准。一些国家甚至禁止使用氯苯胺灵。

长长土豆芽（作者摄影）

尽管长期以来这种类型的抑芽剂被认为是无毒和安全的，但实际上它是一种氨基甲酸酯。氨基甲酸酯曾经被短暂用于药用，但很快就被发现有毒而且无效。氨基甲酸酯在聚氨酯中更为常见，该化学品用于涂料和木材防腐剂。在农民找到更好的抑芽剂之前，氯苯胺灵还是会继续在美国广泛使用。

除农药外，许多人还反对转基因植物。目前已经有几个转基因土豆品种在测试试验中，在不远的将来这些产品肯定会出现在你家附近的超市中。

我们应该抵制超市里的土豆吗？当然不，但是请将它们好好清洗并削皮。如果可能的话尽量选择有机土豆。或者像我一样，自己种。

育空黄金土豆（Yukon gold potatoes）（作者摄影）

- **土豆种植秘籍**

　　如果你是一个醉心于园艺的人，土豆将是你种植的所有作物中最容易料理的；如果你不擅长园艺，但也想尝试一下，参照下述贴士，你会很容易获得成功。

　　土豆喜欢沙性、pH值在5.8～6.5的弱酸性疏松土壤。幸运的是，大多数花园的土壤条件都是如此。土豆可以种在任何土质中，但为了取得最大的收获，土质应该易挖且不要太潮湿。土豆最好按行播种，行间距维持在2～3英尺时长势最好。

　　顺便说下，土豆是一种长在地下的块茎（可能还真有人不知道呢）。它们成长自一个发芽的土豆（芽眼）。土豆也可以从种子长大，但由于种植种子的生长期长于种植有芽眼的薯块，因而这种方法很少使用。

土豆田（作者摄影）

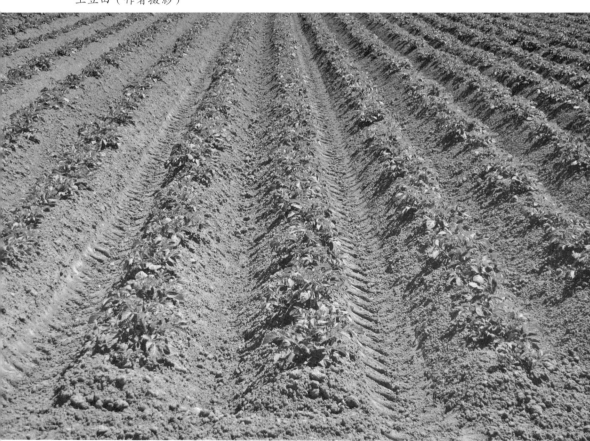

> "鉴于土豆是一种有害物质，使用它可能会引起麻风，因而种植土豆是禁止的，会被处于重罚。"
>
> ——法国法律，1763

土豆从种薯开始，在地下生长。为了获取高产，建议在土豆生长时在地面堆上厚厚的土堆。农民知道这个小诀窍，为了给土豆创造一个适宜的生长环境，他们付出了极大的努力。

在家里的花园里，这些土堆可以很容易地用铲子、锄头或者旋耕机完成。种植土豆这种作物时，较少的付出就会得到丰厚的回报。即使你没有花园或者没有能够种植一行土豆的地方，还是可以很容易地将它们种在一个简单容器中。有些人仅仅买一袋花园土，在每个袋子上切个口，然后就将土豆种在袋子里。

土豆堆（作者摄影）

可爱的芽眼（作者摄影）

- **买种薯**

注意我说的是买种薯，而不是土豆种子。如果你去当地园艺中心说要买土豆种子会把人笑死。种薯是上年收获的小土豆，冬天时被储藏在阴凉的地方。到春天时，它们被允许发芽，然后当做种薯来卖。

选择任何你喜欢的土豆品种。尝试选择一些不同的品种。大多数园艺中心都会有育空黄金土豆（Yukon Gold）、褐色布尔班克（Russet Burbank）和一些红土豆品种。忍住种甘薯的冲动，除非你知道它们可以在你的地里生长。甘薯是一种热带植物，对生长的地方很挑剔，而普通的"白色"土豆几乎可以在任何地方生长，从北极圈到赤道。

可以从种子目录中寻找要购买的种薯。大多数公司都会提前接受预定，并根据你所处的气候带，选择在适宜时间将种薯邮寄给你。

- **播种**

到春天时，一旦土壤适合开工，你就在菜园里挖一条浅沟，将种薯芽眼向上，然后在上

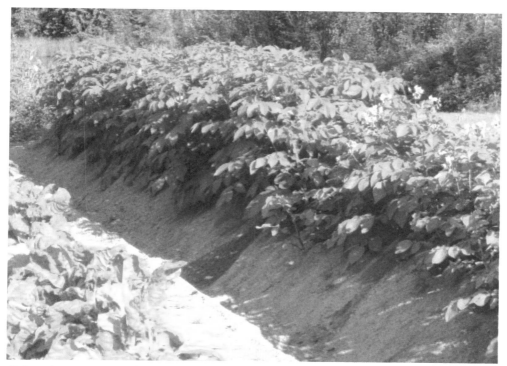

作者培过土的土豆（作者摄影）

面盖上松土。不要把它们埋得太深。太阳会温暖土壤，芽眼很快就会生长，并形成根系。在播种时可以用一小点全营养肥料，但切忌施用过多。土豆对肥料不挑剔也无需过多。第一年种土豆，你不要用任何肥料，看看会发生什么。通常，园丁们都很惊讶，不用施丁点儿肥料，土豆也能长这么好，而其他作物如番茄等都需要很多肥料。

- **培土**

当土豆出芽，叶子长出的时候，沿土豆行一侧松土，并给新长出的土豆苗培土，将整个新苗都盖上土。即使它断了，也会很快长出新的苗。几周之后，土豆苗会再次破土而出，这时你应该从土豆行的另一侧再次培土。每次培土要用约6英寸高的松土盖住所有的叶子。土豆需要用这种方法一直培土直至土堆的高度达到12～16英寸。你在培土上花的时间越多，你收获的土豆也越多。土豆在行下生长时需要很多的空间。一个很高的土堆能够让土豆生长不拥挤，释放出所有的潜力。

- **照料**

照料土豆实际上就是看管害虫、在需要时浇水和去除杂草。土豆在不同的地区会受到不同害虫的侵扰。如果你看到土豆叶有枯萎的迹象或者发现植株上满是虫子，请求助当地的园艺中心并寻求有机防治办法。通常喷洒肥皂水可以控制害虫，或者简单地用手拿掉虫子并挤扁（或者喂鸡）。科罗拉多马铃薯甲虫特别麻烦，但用有机的方法也很容易控制。

土豆不用像其他园艺蔬菜一样需要经常浇水。事实上，过度浇水反而会带来更大的麻烦。杂草也不是一个普遍的问题，因为土豆叶会挤掉杂草，而我们在培土时也会除掉行边的杂草。

如果我的介绍让你觉得种土豆很简单……是的，就是简单。它们在生长过程中无需过多地关注。土豆花放在花瓶中也是很漂亮的噢。

"土豆的花朵"（Pixabay.com）

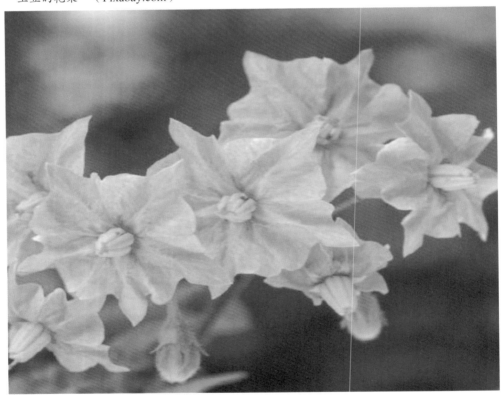

• 收获

一旦土豆花开始凋谢，请检查一下有没有出现"新"土豆。这些如高尔夫球大小的块茎非常美味，适合做一顿完美的土豆黑客法餐。

夏末时分，所有叶子都开始凋落，这预示着可以挖土豆啦。通常人们会在第一次霜冻后开始挖。市面上有专门挖土豆的铲子，或者你也可以跪在地上用手刨出土豆。

小心，无论你用什么工具，在挖的时候注意不要损坏土豆。慢慢地挖，如果晚上不结冰的话，把挖出的土豆堆在行间风干一到两天；或是将挖出的土豆平铺在车库地板或其他有保护的地方。土豆刚挖出时，外皮还没有长成，这时很容易破损。经过彻底干燥后，土豆会长出厚厚的外皮。如果储藏得当，这层外皮能让土豆保存一年之久。

收获的土豆（作者摄影）

- **储藏**

　　土豆存放的理想环境应该是一个黑暗的、通风良好的地方，温度控制在7.2～10度，相对湿度保持在90%。大多数人都没有这样的地方，但都可以在车库或者地下室找到一个安静的角落将土豆储藏几个月。9月底收获的土豆完全可以供你吃到圣诞节后。

　　将土豆放在旧牛奶箱、麻布袋或纸箱中。只要温度保持在60度以下且避光，你就能成功地储藏它们。地窖就是专为储藏土豆设计的。如果你不确信，可以向当地园艺中心或技术推广服务站咨询有关储藏土豆的技巧。

　　然而，在你存好土豆后，还得注意老鼠。老鼠喜欢吃土豆。此外，还要注意发霉现象，它提示你土豆储藏的方式可能有问题了。定期检查并扔掉烂掉的土豆，因为它们会传染其他土豆。几个月后，你所有土豆会像其他有机土豆一样，开始生长。

等待春天（作者摄影）

首先，你发现土豆上出现了小的芽眼。但这些芽眼长到2～4英寸长时，就掰掉它们。虽然它们会再长出，但掰掉后可以延长土豆利于食用的储藏时间。如果你让这些芽眼放任自流，土豆的水分会被吸干，很快就变得干瘪瘪了。你可以成功地掰掉这些芽眼或发的芽3～4次，直至土豆因自然力量生长而变得不能食用为止。如果幸运的话，你的土豆可以存到来年春天播种的时候。

如果你成功地将土豆存到了下一季，那就干脆将土豆种在菜园中，看着它们生长吧。大的土豆可以被切成四块，每块上至少有1～2个芽眼。

享受种土豆吧！

土豆格言

"我买了一大袋土豆，它们像疯了似的长出芽眼。别的食物都腐烂了，但土豆还想用眼睛看看世界。"

——Bill Callahan，美国作家

笔记